0~6岁 婴幼儿食品安全指南

王桂真 主编

电子工业出版社
Publishing House of Electronics Industry
北京·BEIJING

未经许可，不得以任何方式复制或抄袭本书之部分或全部内容。
版权所有，侵权必究。

图书在版编目（CIP）数据

0～6岁婴幼儿食品安全指南 / 王桂真主编 . -- 北京：电子工业出版社，2019.5
ISBN 978-7-121-35143-3

Ⅰ．①0… Ⅱ．①王… Ⅲ．①婴幼儿－食品安全－指南 Ⅳ．① TS201.6-62

中国版本图书馆CIP数据核字（2018）第 224852 号

策划编辑：李文静
责任编辑：李文静
印　　刷：中国电影出版社印刷厂
装　　订：中国电影出版社印刷厂
出版发行：电子工业出版社
　　　　　北京市海淀区万寿路173信箱　　邮编：100036
开　　本：720×1000　1/16　印张：12　字数：230千字
版　　次：2019年5月第1版
印　　次：2019年5月第1次印刷
定　　价：55.00元

凡所购买电子工业出版社图书有缺损问题，请向购买书店调换。若书店售缺，请与本社发行部联系，联系及邮购电话：（010）88254888，88258888。
质量投诉请发邮件至zlts@phei.com.cn，盗版侵权举报请发邮件至dbqq@phei.com.cn。
本书咨询联系方式：liwenjing@phei.com.cn。

序言 PREFACE

孩子是家庭的希望，社会的未来，宝宝的健康成长，牵动着每一对父母的心。近年来，儿童食品如雨后春笋般出现在大众眼前，货架上儿童食品占的比重越来越大。很多父母面对琳琅满目的商品、丰富多样的食材，却感到彷徨无助，不知如何才能给宝宝最好的营养。

儿童食品质量良莠不齐，从"三聚氰胺毒奶粉"，到"含铅米粉"，惊心动魄的儿童食品安全事件，不断敲打着父母的神经。二胎浪潮的来临，更增加了宝妈们的焦虑，老大的健康饮食习惯还没养成，老二又嗷嗷待哺，每天为了孩子吃什么真是操碎了心。此外，营养健康知识缺乏的父母不在少数，一方面过度喂养的肥胖儿童越来越多，另一方面因挑食偏食导致的营养缺乏儿童数量居高不下。如今各种慢性病的发病都趋向年轻化，而慢性病风险的增加，与婴幼儿时期的不合理喂养密不可分。如何正确选择儿童食品，对婴幼儿进行合理喂养，不仅是父母关注的焦点，更是整个社会关注的重点。

笔者从事营养行业十年，外出做公益讲座的时候，被问到最多的问题就是婴幼儿的饮食问题。研究显示，0~6岁的学龄前期是人一生成长过程中最重要的营养阶段，6个月到3岁的儿童，大脑发育便完成了80%~90%，而3~6岁的儿童大脑发育就基本达到成人水平。所以，健康的饮食习惯的培养，直接关系到孩子成年以后的体质和心智。

看着一个个妈妈焦虑的眼神和听到的那些让你"哭笑不得"的问题，你会发现，民众的健康饮食知识远远没有跟上新时代食品工业发展的步伐。让更多的父母了解婴幼儿的科学喂养方法和食品选择方法，让更多的宝宝茁壮成长，正是笔者写作此书的初衷。

本书从0~6岁婴幼儿成长发育过程中的主要健康问题入手，从宝宝的身体成长与变化、喂养方法、饮食推荐等方面，详细阐述了应该怎样给不同年龄段的婴幼儿选择安全健康的食品，以及如何培养孩子健康的饮食习惯。本书特别设计了"营养师答疑"版块，专门解答不同年龄阶段婴幼儿的典型健康问题，具有较强的实践指导意义。

本书编写的过程漫长而艰辛，感谢整个团队的付出与努力，内容上虽然尽力完善，力求完美，但仍难免有所纰漏，本书中的不当之处，还请各位读者不吝赐教，批评指正！

目录 CONTENTS

第一章

不可忽视的宝宝饮食安全问题

012　婴幼儿时期不可忽视的 3 大食品安全问题

012　　配方奶粉的安全问题

012　　自制辅食的安全问题

013　　食源性疾病的安全问题

014　不安全的食物对婴幼儿的危害

014　　食品污染的危害

015　　非法使用食品添加剂的危害

016　婴幼儿食品中的食品添加剂

016　　常见的婴幼儿食品添加剂

017　　如何鉴别婴幼儿食品中的添加剂

019　正确的烹饪方式很重要

019　　生熟食分开

019	把握烹饪度	033	**人工喂养，选择优质的配方奶粉**
020	**注重保存，别让过期、霉坏的食物害了宝宝**	033	配方奶粉的选购
021	**挑选安全无害的宝宝餐具**	033	配方奶粉的冲泡
021	用于吃饭的餐具	034	配方奶粉与母乳相结合的喂养方式
021	用于制作辅食的餐具	035	**营养师答疑**
021	餐具的清洗	035	宝宝吐奶怎么办
		035	纯母乳喂养的新生婴儿需要额外喂水吗

第二章

0～5个月：
倡导母乳喂养，辅以人工喂养

- 024 **宝宝的成长与变化**
- 024 新生儿
- 024 2个月
- 025 3个月
- 025 4个月
- 025 5个月
- 026 **母乳，是新生婴儿的最佳食物**
- 026 初乳，千万不要倒掉
- 027 母乳的营养成分及作用
- 028 **母乳喂养期间，妈妈要注意的饮食习惯**
- 028 适当食用催乳食物
- 030 妈妈偏食，婴儿缺营养
- 031 这些食物不能吃

第三章

6个月：
可以给宝宝添加辅食啦

- 038 **宝宝的成长与变化**
- 039 **安全喂养，宝宝更健康**
- 039 辅食喂养技巧需掌握
- 039 不要给宝宝压力
- 039 观察宝宝的反应
- 040 **走出辅食添加的误区**
- 040 把蛋黄作为宝宝的第一种辅食

040	用牛奶、米汤、稀米粥来给宝宝冲调米粉
041	只给宝宝吃米粉，不吃五谷杂粮
041	添加辅食后，就意味着可以给宝宝断奶了

042 正确选择市售辅食
042	选择质量可靠的品牌
042	检查食品包装
042	辅食中的食品添加剂

043 营养师答疑
| 043 | 大人可以嚼碎食物给宝宝吃吗 |
| 043 | 宝宝可以吃多种食材混合的辅食吗 |

044 推荐给6个月宝宝的安全食物
044	大米
046	胡萝卜
048	香蕉
050	苹果
052	雪梨

053 忌吃食物要谨记
053	食盐
053	味精
053	胡椒

第四章
7～9个月：应吃软烂型辅食，可促进宝宝牙齿生长

056 宝宝的成长与变化
056	7个月
056	8个月
056	9个月

058 呵护宝宝的乳牙
| 058 | 缓解宝宝出牙期的不适 |
| 058 | 养成良好的习惯 |

059 营养师答疑
| 059 | 宝宝偏食怎么办 |
| 059 | 宝宝可以只喝汤吗 |

060 推荐给7～9个月宝宝的安全食物
060	玉米
062	红薯
064	土豆
066	豌豆
068	木瓜
069	西瓜
071	鸡肉

073 忌吃食物要谨记
073	海带
073	紫菜
073	蛋白

第五章

10～12个月：
让宝宝学会自己动手吃饭

076 宝宝的成长与变化
- 076　10个月
- 076　11个月
- 076　12个月

077 培养宝宝良好的饮食习惯
- 077　引导宝宝使用汤匙
- 077　纠正边吃边玩的坏习惯
- 077　定点定量

078 正确应对宝宝过敏的难题

079 营养师答疑
- 079　宝宝吃水果时需要注意什么
- 079　饮用豆浆时需要注意什么

080 推荐给10～12个月宝宝的安全食物
- 080　糯米
- 082　豆腐
- 084　西蓝花
- 086　香菇
- 088　红枣
- 090　鸡蛋

092 忌吃食物要谨记
- 092　蜂蜜
- 092　醋
- 092　辣椒
- 093　菠菜
- 093　肥肉
- 093　牛奶

第六章

1～1.5岁：
让宝宝爱上吃饭，不再挑食

096 宝宝的成长与变化

097 丰富菜肴颜色

098 正确应对宝宝饮食上火

099 营养师答疑
- 099　宝宝可以刷牙了吗
- 099　宝宝食欲减退怎么办

100 推荐给1～1.5岁宝宝的安全食物
- 100　菠菜
- 102　油菜

104	茄子	123	营养不良
106	苦瓜	123	营养不良的表现
108	丝瓜	123	导致营养不良的原因
110	猪肉	123	预防宝宝营养不良
112	猪肝	124	营养师答疑
114	鸡肝	124	宝宝的头发为什么会发黄
		124	吃得很多，体重却没有增加

116　忌吃食物要谨记

116	竹笋
116	咸菜
117	巧克力
117	饮料
117	浓茶

126　推荐给 1.5～2 岁宝宝的安全食物

126	糙米
128	黑米
130	黑豆
132	芦笋
134	洋葱
136	西红柿
138	牛肉
140	海带
142	紫菜
144	虾

第七章

1.5～2 岁：食物多样化，促进宝宝的成长发育

120　宝宝的成长与变化
121　营养过剩

121	营养过剩的表现
122	导致营养过剩的原因
122	预防宝宝营养过剩

146　忌吃食物要谨记

146	罐头
146	蜜饯
146	膨化食品
147	烧烤

147　人参
147　鹿茸

第八章
2～3岁：健脑益智关键期，吃出聪明宝宝

150　宝宝的成长与变化
151　2岁宝宝要开始断奶了
152　多吃健脑益智的食物
153　营养师答疑

153　宝宝不愿意吃蔬菜了，
　　　能用水果代替吗
153　可以给宝宝吃"汤泡饭"吗

**154　推荐给2～3岁宝宝的
　　　安全食物**

154　山药
156　金针菇
158　花生
160　核桃
162　鳕鱼
164　三文鱼
166　牛奶
168　酸奶

170　忌吃食物要谨记

170　过咸食物
170　含味精多的食物
171　含过氧脂质的食物
171　含铅食物

第九章
3～6岁：可以适当地给宝宝吃零食

174　正确对待零食

175　自制零食要选择健康的食材
176　拒绝零食"杀手"

**177　商店里琳琅满目的零食
　　　如何挑选**

177　看配料表中的营养成分
178　看食品添加剂成分

**180　推荐给3～6岁宝宝的
　　　安全食物**

180　燕麦
182　莲藕
184　银耳
186　黑木耳
188　橙子
190　草莓

第一章

不可忽视的
宝宝饮食安全问题

随着家庭生活水平的不断提高，父母在宝宝的饮食和营养方面的关注度越来越高，投入时间也越来越多。

食品安全的问题关系到我们每个人的健康，每一个家庭的幸福。婴幼儿处于各个脏器发育不成熟的阶段，食品不安全将会严重影响宝宝的健康，尤其要加以重视。

婴幼儿时期不可忽视的3大食品安全问题

配方奶粉的安全问题

对6个月龄内的婴儿，我们提倡纯母乳喂养。因为母乳能够让婴儿获得全面的营养，保障孩子得到健康的生长发育。母乳喂养可以降低婴幼儿患感染性疾病的风险，也能够避免婴幼儿暴露于来自食物和餐具的污染。婴幼儿配方奶是不能纯母乳喂养时的无奈选择，配方奶粉的安全关系着婴幼儿的健康。

选购配方奶粉时，首先要选择规模较大、产品质量和服务质量较好的知名企业的产品，这样的产品质量有保证；其次要看产品的营养标识是否齐全、营养成分是否齐全、营养是否合理；最后应闻闻冲调出来的味道，正常的是奶香味，而不是香精调成的香味。

要密切关注婴幼儿对配方奶粉的反应，如发现有过敏反应，要立即更换，选择其他的婴幼儿配方奶粉来代替。

自制辅食的安全问题

当婴幼儿超过6个月龄时，妈妈就可以给宝宝逐步地添加辅食，让宝宝获得更多营养。

妈妈在家中自制婴幼儿辅食的时候，一定要选择新鲜、优质、安全的原材料，最好选择天然、零添加、无农药、无化肥、有机的食材来进行制作。并且在制作过程中必须注意清洁、卫生，在制作辅食前要洗手，保证制作辅食的场所以及所涉及的厨房用品清洁安全。还要注意将生熟食物分开，避免交叉污染。

此外，要按照婴幼儿的需要制作辅食，现做现吃，吃不完就丢弃。保证辅食安全最基本的一点就是食物一定要煮熟，食物被煮过才能将绝大部分的病原微生物杀灭。此外，婴幼儿在添加辅食之后，腹泻的风险会变高，而辅食受到微生物污染是导致婴幼儿腹泻的主要原因之一，因此妈妈在制作辅食时要勤洗手，将餐具充分消毒后再使用。

食源性疾病的安全问题

食源性疾病，就是通过进食而进入人体的有毒有害物质等致病因子所造成的疾病，比如食物中毒。

引起食物中毒的细菌往往无法用肉眼来识别，并且无法尝出或者闻出。婴幼儿最常见的食源性疾病是由沙门氏菌引起的食物中毒，易被其感染的食物有生肉（包含鸡肉）、生鸡蛋或者未完全煮熟的鸡蛋、未经巴氏消毒的牛奶和未经高温消毒的蔬菜，因此给婴幼儿准备食物时一定要充分煮熟，才能够将细菌消灭。

另外一种食源性致病菌便是大肠杆菌。大肠杆菌是一种在儿童和成人中都很常见的肠道寄生菌。没有完全烹熟的牛肉便是一种最常见的大肠杆菌的感染源，生食食物或者饮用被污染的水也会导致感染该病菌。因此，在饮食中要注意食材和加工过程的安全卫生，并且及时关注婴幼儿的生理体征变化。

总之，只要谨慎地选购食物，并且注意器皿的消毒，将生熟食物分开，是可以预防和避免这些食品问题发生的。

不安全的食物对婴幼儿的危害

食品污染的危害

科学技术的发展提高了农副产品的产量，但同时也出现了一些问题，例如，农民为抢销售期，大量使用化肥、激素、农药，导致农产品超常生长，造成营养和口感的损失。另外，近年来一些农作物生产环境日益恶化，大气污染、水质污染、土壤污染直接导致农产品、渔牧产品以及其他食品被污染。

婴幼儿的各个脏器处于发育不成熟的阶段，这些食品污染问题严重影响了孩子的健康成长。例如，人的肝脏不但是造血的器官还是解毒的器官，当孩子食用不安全的食物时，它们往往在肝脏内藏垢纳污，造成肝脏的损伤。另外，孩子发育不成熟的肾脏肩负着排泄全身代谢产物的重任，但是婴幼儿的肾脏排泄能力有限，因此蓄积过多的代谢产物就会影响婴幼儿的发育。

值得欣慰的是，我们国家有关部门正在努力制定各种法规，食品监察机关尽职尽力地保证人们的食品安全。作为家长，我们不要过分纠结什么能吃，什么不能吃，只需要在自己经济能力许可的范围内选择有质量保证的、安全的食品给婴幼儿食用就可以了，例如绿色、有机的食物。

有机食品、绿色食品、无公害食品

这三者都是经过国家权威机构认证的安全食品按安全性从高到低排序，依次为有机食品、绿色食品、无公害食品。

有机食品是指生态环境未受到污染，在生产中不采用基因工程获得的生物及其产物，不使用化学合成的农药、化肥、生长调节剂及饲料添加剂等物质，并通过独立认证机构认证的环保型安全食品。

绿色食品是指其在生产加工过程中可以限量使用农药、化肥等合成物质的食品。

无公害食品是指农药残留、重金属和有害微生物含量指标均在国家规定的范围内的食品。

非法使用食品添加剂的危害

对于食品加工生产者来说,食品添加剂有使用方便、获取容易、价格低廉的特点,且某些食品通过加入化学合成的食品添加剂可以达到种类多样化、口味多样化、美观、防腐等效果,因此,使用食品添加剂的现象越来越多。

但是,有些食品生产者为追求低成本、高利益的目标,选择过量使用食品添加剂以使食品更受消费者青睐,或选择不达标或不合格的食品添加剂以降低生产成本等,这些做法都是不合法的,不仅侵犯了消费者的权益,同时也使食品安全问题越来越多。

一般来说,合法的食品添加剂是可以安心使用的,它和普通食品一样会被人体消化、吸收、代谢、排泄,不会危害人体健康。但是,某些食品添加剂具有少许毒性,若长期使用,毒素会在体内慢慢积累;更有不良生产者利用法律漏洞、检查盲点等过量或违法使用食品添加剂,长期或过量食用含食品添加剂的食物不仅会对成年人造成健康上的威胁,对婴幼儿的影响更大。美国及英国的研究报告表明,婴幼儿如果经常食用带有人工色素和防腐剂的食品,会导致难以集中注意力,并好动,还可能造成婴幼儿的肝肾负担,引发食物中毒或癌症等问题。

为保障婴幼儿食品安全,政府将婴幼儿食品中食品添加剂的种类、适用范围、用量等都纳入了法规规范。同时,妈妈们在购买食品时也需擦亮眼睛,为婴幼儿的饮食安全保驾护航。

婴幼儿食品中的食品添加剂

我国《食品安全法》第一百五十条将食品添加剂明确定义为："食品添加剂，指为改善食品品质和色、香、味以及为防腐、保鲜和加工工艺的需要而加入食品中的人工合成或者天然物质，包括营养强化剂。"

随着食品安全问题的频发，食品添加剂成了食品安全的首要威胁因素。许多人开始对食品中的添加剂特别敏感，尤其是婴幼儿食品，由于婴幼儿正处于生长发育阶段，其脾胃较弱，免疫力也较弱，因此给婴幼儿吃的食物也比较谨慎。古往今来，人们习惯使用盐来进行调味，其实它也属于食品添加剂，只不过它是天然的。由此可见，并不是所有的食品添加剂都是有危害的，我们应正确认识食品添加剂，并在使用时注意用量、有无毒性等问题。

其中在婴幼儿食品中允许加入对婴幼儿健康成长有益的食品添加剂，主要有营养强化剂、乳化剂、调味剂及抗氧化剂。

常见的婴幼儿食品添加剂

	名称	类别	作用	常使用的食品
营养强化剂	维生素D	钙化醇、胆钙化醇等	增添食物中缺乏的维生素D；促进骨骼发育	奶油、火腿等
	铁	还原铁、乳酸铁等	增添食物中缺乏的铁	玉米片等
	L-赖氨酸	营养补充剂	提高谷物食品中的蛋白质营养效价	面粉、玉米粉

乳化剂	脂肪酸酯类	乳酸甘油酯、柠檬酸甘油酯等	延长食品保质期；提高食品的品质	冰激凌、沙拉酱等
	修饰淀粉及盐类	羟丙基纤维素、羟丙基甲纤维素等	增强乳化产品的耐热性、保存性；提升食品的可口性	巧克力、果酱、饼干等
调味剂	甜味剂	阿斯巴甜、D-山梨醇等	增加食品的甜味；降低咖啡的苦味	即溶咖啡、糖果等
	酸味剂	乳酸、苹果酸	延长食品保质期；调节食品酸度	乳酸饮料、食醋等
	鲜味剂	谷氨酸钠	提升食品的鲜味	鱼卷、肉干、咖喱粉等
抗氧化剂	天然抗氧化剂	维生素C、维生素E等	使食品保存时间更长久；增加食品的营养价值	奶油、果汁等
	化学抗氧化剂	丁基羟基甲苯、二丁基羟基甲苯等；亚硝酸钾等	延长食品的保质期；预防油脂类食品氧化；预防食品变色；抑制食品中的细菌生长	口香糖、蜜糖、鱿鱼丝、虾类与贝类等

如何鉴别婴幼儿食品中的添加剂

不被外表迷惑

食品中加入添加剂，其目的无外乎是使食品保存时间更久、外观更美、口感更诱人。若担心食品添加剂不合规范或不过关，爸爸妈妈们购买食物的时候首先要告诉自己不要被食物的外表所迷惑。

这是因为色泽光鲜亮丽的食品较受消费者的青睐，不良从业者便抓住这一心理，利用漂白粉、着色剂等添加剂对食品进行加工。因此，在选购食品时不要选择颜色过于亮丽的食品，自身也要加强对各种食品的了解，知道食品在自然状态下是什么模样的就不会轻易被迷惑。如知道天然面粉的颜色是白中带黄，这样就不会选购过白的面粉。

选择原味食品

虽然不能完全保证原味食品没有加入添加剂，但是与添加了各种调味剂的食品相比较，更为安全。原味食品相对于加了各种调味剂的食品来说，口感不是那么好。事实上，我们的身体不需要摄入太多的调味剂，盐食用多了也会对肾脏产生负担，更何况其他调味剂。虽然原味口感不那么好，但是吃习惯了，当味蕾调整过来时，也会变得很美味。

其实，婴幼儿的味蕾还在发育的过程中，更应该让宝宝去适应、感受每一种食物本来的味道，不要以成年人的口感去衡量给宝宝吃的食物美味不美味。

读懂食品标示

包装食品必须附有食品标示。合格的食品标示是按照添加物含量依次由高往低排列的，含量多的在前面，含量少的在后面。

采用泡温水法、氽烫法减少食品添加剂

一般食品添加剂可以在高温或者水中溶出，所以可以采用泡温水法、氽烫法来减少食品添加剂。

泡温水法对于米面豆制品有很好的效果。先将米面豆制品在清水下清洗三次，再放入温水中浸泡半小时，浸泡好后，再以流水清洗干净即可。

氽烫法适用于畜禽肉、鱼类等，是指将食材洗净后用沸水浸泡一会儿再拿出，这种方法可以减少食品中的漂白剂、保色剂等添加剂带来的危害。

利用简单试剂检查

由于食品安全事故频繁发生，人们对于食品安全的重视度也越来越高。如果实在担心食品安全，可以在化工行购买简单的食品试剂进行检查。使用时将需要检查的食品切一小块下来，浸泡水后滴一滴试剂。观察其颜色变化，倘若颜色发生变化则是加入了不应该使用的添加剂；倘若颜色没有变化，则是加入了少量添加剂或没有加入添加剂。

正确的烹饪方式很重要

烹饪是将生的食材加热使食材发生一系列复杂的物理和化学变化的过程。

人们烹饪食物是为了破坏和去除食材中的有害物质，这是因为加热到80℃以上时，多数细菌和寄生虫都会死亡。此外，在烹饪过程中，食物纤维的组织会松散，质地会变得脆嫩，并能去除异味，使食物的香味溢出来，很快便能引起人们的食欲。

生熟食分开

生熟食要分开存放，这样是为了能够更好地预防食物中毒。有条件的话，切生熟食用的刀和砧板也应该分开。

把握烹饪度

烹饪不彻底或烹饪过度都不利于身体健康。

烹饪不彻底主要是指温度、时间不足，这样烹饪出来的食物，其中的细菌和寄生虫等没有被彻底破坏或杀除，容易引起肠道疾病，如肉类半生易引起腹泻。未煮熟的四季豆、皂角、豆浆、黄花菜等容易引起食物中毒。

烹饪过度是指温度过高、时间过长，油脂类食品如果烹饪过度会产生有毒、有害物质，对人体的健康不利；蛋白质类食品如果烹饪过度，容易生成杂环胺、多环芳香烃化合物，不仅影响机体对蛋白质的吸收，而且不利于人体健康。因此，烹饪的温度应低于400℃，且应该避免高温下反复使用油脂，否则容易产生有毒物质。

注重保存，别让过期、霉坏的食物害了宝宝

食物若储藏不当或腐烂腐坏，容易滋生细菌、微生物，如沙门氏菌、大肠杆菌及肉毒杆菌，婴幼儿的免疫力较低，往往没有办法抵抗这些细菌。因此，给婴幼儿食用的食物一定要足够重视，确保孩子的安全。其中，将食物正确保存是防止和减缓这些细菌、微生物生长的途径之一。

不要把蔬果类的食物放在厨房的水槽之下保存，如果管道漏水或洗菜池滴水，容易污染食物，并加快食物的腐烂，应该将这些食物放在阴凉干燥处存放。

易变质的食物要马上冷藏或者冷冻，畜禽肉类、水产海鲜类、蛋类或其他需要冷藏的食物在室温下放置时间不能超过两小时，如果室温高于30℃时，只能放置1小时以内，然后要将食物依次包好放入冰箱中冷藏，注意不要放得太挤。

即食食品要尽快吃掉，即食食品在冰箱里存放时间久了会滋生李氏杆菌，这样的食物拿出来食用，出现食物中毒的可能性很大。

冰箱的冷藏室温度应该不高于4℃，冷冻室的温度应该低于–18℃。在冰箱里存放的食物仍然可能会发霉，因此任何看上去或闻上去已经变质或发霉的食物应该扔掉，千万不能再食用。

挑选安全无害的宝宝餐具

用于吃饭的餐具

给宝宝用的餐具应尽量选一些颜色比较浅或者无色透明、形状简单的,这样的餐具便于发现污垢,易于清洗和消毒,能够保证宝宝的饮食安全。宝宝的餐具不要用铁质或铝质,尤其是碗和勺子,否则容易释放有害物质。选择塑料制品要选择安全、无毒、耐高温的。如果要选择玻璃或陶瓷制品,也要选择耐高温的。使用的时候要特别注意,不要伤到宝宝。

用于制作辅食的餐具

给宝宝制作辅食的餐具最好和平时家里用的分开,避免交叉感染。可以为宝宝准备一个专用的菜板,使用时一定要经常清洗和消毒,最好每次使用之前都先用开水烫一烫,消消毒,这样能保护宝宝的肠胃少受细菌的侵扰。

制作宝宝辅食的刀具包括菜刀、刨丝器等最好也不要和大人的混用,切生、熟食物用的刀一定要分开,每次使用后都要彻底清洗并晾干,以减少细菌的滋生。

给宝宝使用的食物料理机、榨汁机最好选购可分离部件清洗的,在使用之前要先用开水烫一遍,使用后也要彻底清洗,因为清洗不干净特别容易滋生细菌。

可以专门购买一个较大的蒸锅,用来消毒宝宝餐具。蒸锅大一些,便于放下所有工具,包括奶瓶、饭碗、咬胶等,一次性完成消毒过程。

餐具的清洗

宝宝的餐具用完要及时清洗,既要清洗干净,又要高温消毒杀菌。清洗的时候尽量不要用洗洁精。高温消毒既可以用不锈钢锅,也可以用电动蒸汽锅或微波炉。塑胶制成的餐具都不宜久煮,建议在水开后再放入,煮3~5分钟即可,否则很容易释放有害物质。

第二章

0~5个月：倡导母乳喂养，辅以人工喂养

怀胎十月，新生儿"哇哇"哭着到来，给全家人带来无比的喜悦。身为新手爸妈可能还会有点慌乱，什么都想给宝宝最好的，奶粉要最贵的、进口的、大品牌的，却不知对于新生儿来说，最好、最安全的食物便是母乳。因此，在这一个阶段，我们倡导母乳喂养，只有在特殊条件情况下才辅以人工喂养。

宝宝的成长与变化

新生儿

正常足月的新生儿出生时体重在 2.5～4 千克之间。如果出生体重小于 2.5 千克则为低出生体重儿，这类婴儿较为危险，需采取特殊护理或治疗措施；如果出生体重大于 4 千克则为巨大儿，一般不需要特殊处理，但对体重超出正常范围太多者应做进一步检查。

正常足月新生儿出生时身长在 47～52 厘米之间。到满月时男童身长平均约为 54.5 厘米，女童身长平均约为 53.5 厘米。

正常足月新生儿出生时头围平均为 34 厘米左右，满月时平均增加 2～3 厘米。头围过大或过小均要到医院检查以排除异常情况（如脑积水、小头畸形等）。

正常足月新生儿出生时胸围比头围小 1～2 厘米，一般为 31～33 厘米。满月时胸围可达 36 厘米左右。

2个月

满 2 个月时，男婴体重平均为 5.2 千克，身长平均为 58.1 厘米；女婴体重平均为 4.7 千克，身长平均为 56.8 厘米。

此时，婴儿出生时四肢屈曲的姿势有所放松，这与脑的发育有关。前囟门出生时斜径为 2.5 厘米，后囟门出生时很小，1～2 个月时有的已经闭合。

3个月

满3个月时,男婴体重平均为6千克,身长平均为61.1厘米,头围约为41厘米;女婴体重平均为5.4千克,身长平均为59.5厘米,头围约为40厘米。

3个月时婴儿头上的囟门外观仍然开放而扁平,婴儿看起来有点圆胖,但当他更加主动地使用手和脚时,肌肉就开始发育,脂肪将逐渐消失。

4个月

满4个月时,男婴体重平均为6.7千克,身长平均为63.7厘米,头围约为42.1厘米;女婴体重平均为6千克,身长平均为62厘米,头围约为41.2厘米。

到第4个月末时,婴儿后囟门将闭合。头看起来仍然较大,这是因为头部的生长速度比身体其他部位快,这很正常。这个时期婴儿的生长速度开始稍缓于前3个月。

5个月

满5个月时,男婴体重平均为7.3千克,身长平均为65.9厘米,头围约为43.0厘米。女婴体重平均为6.7千克,身长平均为64.1厘米,头围约为42.1厘米。

婴儿的五官"长开"了,脸色红润而光滑,变得更可爱了。此时,婴儿已逐渐显露出活泼、可爱的样子,身长、体重的增长速度较前几个月减慢。

0～5个月婴儿的营养需求

人类在生长发育过程中需要的营养物质有六大类,即蛋白质、脂肪、碳水化合物、维生素、矿物质和水。前三种营养物质能产生热量,称为产能营养素;后三种不能产生热量,叫作非产能营养素。

母乳内含有5个月内婴儿所需要的全部营养物质,它不但含有婴儿所需的蛋白质、脂肪和乳糖,而且还含有足量的维生素、水分和铁、钙、磷、微量元素等物质,可以满足婴儿这一时期的营养需求。

母乳，是新生婴儿的最佳食物

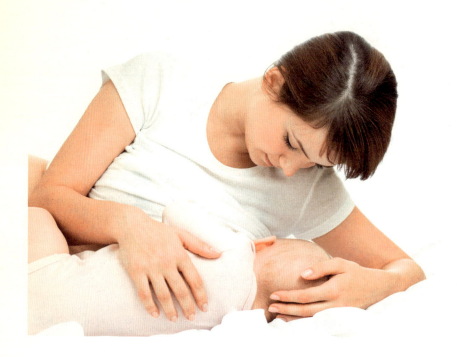

初乳，千万不要倒掉

母乳含有脂肪、蛋白质、碳水化合物、钙、锌、铁等营养物质，这些营养物质有一定的搭配比例。根据母乳成分搭配比例的不同，母乳可以分为初乳、过渡乳、成熟乳、前乳、后乳等。

其中初乳的营养价值是最高的，它是女性在产后分泌出的第一种母乳，性状比较稠，呈浓黄色，营养价值高。与其他母乳相比，初乳的蛋白质、矿物质含量是最高的，脂肪和糖的成分又是最少的。对婴儿来说，初乳中的蛋白质含量不但比正常乳汁含量高，而且含有免疫球蛋白、乳铁蛋白、生长因子、巨噬细胞、中性粒细胞和淋巴细胞等多种物质，这些物质可有效防止新生儿感染各种疾病，帮助婴儿建立起强大的免疫系统。

由于初乳中乳糖含量低，矿物质含量高，所以口感微咸，且颜色看起来不佳，有些人就认为初乳比较"脏"，营养价值不高，将初乳挤掉而不给婴儿食用，这种做法反而丢掉了婴儿宝贵的财富。因此，在最初几天，妈妈应该给婴儿喂养初乳。

母乳的营养成分及作用

脂肪

脂肪是婴儿重要的热量来源，是婴儿神经系统发育过程中必需的营养物质。婴儿的神经细胞需要脂肪来合成及保护。

母乳、牛乳的脂肪都是以脂肪球的形式悬浮于乳液中。脂肪球的大小与消化吸收有直接关系，脂肪球越小越容易被消化吸收。母乳脂肪球比牛乳小，所以母乳的消化吸收率比牛乳高。

碳水化合物

母乳中大部分的碳水化合物是以乳糖的形式存在的。乳糖能为婴儿身体的发育提供能量，让他呼吸、哭泣、扭动、学习、成长和发育。乳糖还能促进小儿肠道内的乳酸菌繁殖增长，维护婴儿肠道健康。

蛋白质

蛋白质是肌肉和骨骼的基石。

成熟乳中含有许多不同种类的蛋白质，其中以乳清蛋白和酪蛋白为主。乳清蛋白易于消化和吸收。母乳中还有许多其他重要的蛋白质，如抗体、乳铁蛋白、生长因子等。

此外，母乳中牛磺酸的含量也比牛乳高，这对婴儿脑细胞的发育非常有利，同时还能促进体内酶的合成，调节婴儿身体的发育。

除了这三种主要成分外，母乳也含有多种维生素和矿物质，如维生素A、维生素D、维生素E、β-胡萝卜素、钙、铁、锌、钾等，都对婴儿的成长发育有重要作用。

母乳喂养期间，妈妈要注意的饮食习惯

适当食用催乳食物

食物	营养与作用	食物图
黄花菜	黄花菜含有蛋白质、胡萝卜素、硫氨酸、烟酸及钙、磷、铁等营养成分，尤其是蛋白质含量十分丰富，与肉类相近，每100克干品中含蛋白质14.1克。黄花菜具有清热、利湿、消食、明目、止血、下乳的功效。哺乳期妈妈食用黄花菜，不仅可以利尿降压，还可以催乳	
丝瓜	丝瓜含有皂苷类物质、瓜氨酸、木聚糖、维生素B_1和维生素C等成分，具有清热利尿、活血通经之功效，常食丝瓜，对降低血压和血糖也有一定作用，适合糖尿病患者食用。哺乳期妈妈食用丝瓜，不仅可以开胃化痰，还能通调乳房气血、催乳	
茭白	茭白口感甘美且营养丰富，含有碳水化合物、蛋白质、维生素B_1、维生素B_2、维生素C及多种矿物质，具有解热毒、防烦渴、利二便和催乳的功效。哺乳期妈妈食用茭白，可以催乳。由于茭白性冷，哺乳妈妈若脾胃虚寒、大便不实，则不宜多食	

莴笋	莴笋含有叶酸、膳食纤维、β-胡萝卜素、维生素C、维生素E、钙、铁、锌等营养成分，具有开胃消食、利尿消肿、促进新陈代谢等功效。哺乳期妈妈食用莴笋，不仅可以通便，还可以通乳	
豆腐	豆腐营养丰富，含有优质蛋白、脂肪、碳水化合物、维生素和矿物质等营养成分，具有益气和中、生津润燥、清热解毒的功效。豆腐也是一种催乳食物，哺乳期妈妈食用豆腐，能促进乳汁分泌	
鲫鱼	鲫鱼含有丰富的蛋白质、多种维生素、微量元素及人体所必需的氨基酸等营养成分，具有益气健脾、清热解毒、通脉下乳、利水消肿等作用。哺乳期妈妈食用鲫鱼，不仅可以健脾补气，还能催乳	
花生	花生富含脂肪、蛋白质、氨基酸、维生素E、维生素B_1和不饱和脂肪酸等营养成分，具有抗衰老、降血压、延缓脑功能衰退、防止血栓形成的作用。哺乳期妈妈食用花生，不仅可以消水肿、健脾胃，还能催乳	
腰果	腰果含有β-胡萝卜素、维生素B_1、维生素B_2、维生素C、钙、铁、磷等营养成分，具有润肠通便、润肤美容、强身健体、催乳、通乳等作用，经常食用腰果还能提高免疫力。哺乳期妈妈食用腰果，有助于改善产后乳汁分泌不足	

妈妈偏食，婴儿缺营养

婴儿出生之后，妈妈若要母乳喂养的话，就必须做好将能量从自己身上转移到婴儿身上的准备，要比妊娠期间吃得更丰富、更营养，还应该注意补充蛋白质、钙、铁、维生素D、维生素C、叶酸、DHA等营养素，因为这些营养素不仅能帮助妈妈恢复身体，还能保证婴儿的营养和健康。

蛋白质是哺乳期必不可少的营养物质，如果妈妈体内缺乏蛋白质将会减少乳汁的分泌量。足量优质的蛋白质摄入对哺乳期妈妈和婴儿都很重要。妈妈可多食用鱼、蛋、牛奶、禽类、大豆等食物补充蛋白质。

DHA能优化婴儿大脑椎体细胞膜磷脂的构成，是人体大脑发育必需的不饱和脂肪酸之一。整个生命过程都需要维持正常的DHA水平，尤其是从胎儿期第10周开始至6岁，是大脑发育的黄金阶段，因此妈妈需要补充DHA满足婴儿的需要。

孕前和产后补钙对孕妇健康和婴儿发育都很重要，由于母乳中大部分的钙来源于身体储存的钙，因此，妈妈在哺乳期要补充足够的钙。哺乳期妈妈每天要补充 1300 毫克的钙，可多食用如菠菜、豆腐、卷心菜、西蓝花、酸奶等食物。除了多摄取含钙食物，也可适量补充钙剂。

哺乳期妈妈每日应该摄取至少 400 微克的叶酸，这样通过母乳喂养才可以保证孩子的正常发育。叶酸除了对婴儿脑神经发育有帮助外，还能预防妈妈贫血、提高婴儿免疫力、促进妈妈乳汁分泌等。可多食用绿色蔬菜、柑橘类水果、豆类、肉类、家禽肝脏等，必要时服用叶酸补充剂。

哺乳期千万不能忘记补充铁元素。铁有助于维持妈妈体内的能量水平，由于在分娩的时候消耗量比较多，因此更需要补充铁，可食用牛肉、猪瘦肉、深绿色蔬菜等食物。

哺乳期妈妈可以瘦身，但一定不能过度节食。健康的低脂肪类饮食，再加上适度的运动可以帮助妈妈逐渐降低体重，每周减重 0.5 ~ 1 千克最理想。如果妈妈的体重在短时间内急速下降，则会对婴儿造成伤害，因为储存于脂肪中的毒素会被释放出来，然后进入血液循环，最终提高乳汁中污染物的含量。产后 6 周后，如果妈妈每周降低的体重超过 1 千克，就需要多补充一些能量了，最好用 10 ~ 12 个月的时间来恢复到怀孕前的体重，毕竟这些重量也是慢慢长出来的。

这些食物不能吃

巧克力

哺乳期妈妈过多食用巧克力会对婴儿的发育产生不良影响。因为巧克力所含的可可碱，会渗入母乳并在婴儿体内蓄积，损伤婴儿神经系统和心脏，并使肌肉松弛，排尿量增加，导致婴儿消化不良，睡眠不稳，哭闹不停。此外，哺乳期妈妈常吃巧克力，还会影响食欲，使身体发胖，而且缺乏必需的营养素，这不仅会影响哺乳期妈妈的身体健康，也不利于婴儿的生长发育。

酒

研究表明，酒精进入人体后会迅速进入血液，而乳汁中的酒精浓度与血液中的酒精浓度是一样的，这对婴儿的健康发育非常不利。而且摄入过量的酒精还会影响妈妈对婴儿需求的反应能力。

茶、咖啡、汽水

茶叶中含有的鞣酸会影响人体对铁的吸收，容易引起哺乳妈妈产后贫血。且茶和咖啡中还含有咖啡因，哺乳期妈妈饮用后不仅难以入睡，影响体力恢复，咖啡因还会通过乳汁进入婴儿体内，导致婴儿发生肠痉挛或突然无故的啼哭。

汽水中含有较多的磷酸盐，进入肠道后会影响人体对铁的吸收，易导致妈妈发生缺铁性贫血。

辛辣食品

哺乳期妈妈食用辛辣食品，容易耗气损血，加重气血虚弱，并容易导致便秘，且能通过乳汁传递给婴儿，对婴儿也不利。

人工喂养，选择优质的配方奶粉

配方奶粉的选购

在配方奶粉的包装袋或包装桶上，应印有生产日期和保质期。选择保质期内，生产日期离目前最近的配方奶粉。

奶粉只有适合婴儿的才是最好的，适合婴儿的奶粉是指婴儿食用后没有便秘、腹泻、口气、皮疹等现象，眼屎少，体重和身高等指标正常增长，婴儿睡得香，食欲也正常。

配方奶粉的冲泡

用具消毒

首先要确保奶瓶、瓶盖、奶嘴、密封圈等用具都经过消毒。

阅读说明书

仔细阅读配方奶粉包装上的说明，看看需要用多少水和多少奶粉调配。

水的温度

最理想的水温应该是70～90℃。也就是说，如果用沸水，冷却时间一般不超过半小时。

装水

在奶瓶里倒入适量的温水。一定要先倒水，这样才能保证比例精确。如果先放配方奶粉，水和配方奶粉的比例就不对了，冲好的奶会太浓。

把奶瓶放在桌子上，最好弯下腰去平视，这样才能看清水的高度跟奶瓶壁上的刻度是否齐平。

加入配方奶粉

要使用配方奶粉包装里带的勺,因为用这个勺量取的配方奶粉量刚好合适。不同牌子的配方奶粉,勺子可能也会不同,不能混用。

取一把干净的刀,用刀背把勺上的奶粉刮平。如果配方奶粉包装盒里有这样的抹平工具,是最好不过的了。不要压实奶粉,因为这样冲的奶会太浓。

充分摇匀奶液

放入配方奶粉后把奶嘴拧紧,盖上瓶盖,轻轻摇晃瓶身,使奶液均匀。在喂婴儿之前,先试试配方奶的温度。

配方奶粉与母乳相结合的喂养方式

配方奶粉与母乳相结合的喂养方式即混合喂养,是指母乳不足时需添加配方奶粉,让婴儿吃饱,维持他正常的生长发育。

一般来说混合喂养的方式有两种:

1 补充法:也就是在婴儿吃完母乳后,再补充配方奶。

2 代授法:一天只有1~2次喂配方奶,其余喂奶时间全部喂母乳。这种方式的好处是可以避免婴儿在先吃了配方奶后,因为没有了饥饿感,不愿意再吸吮母乳而导致母乳分泌量进一步减少,同时也有利于刺激母乳的分泌,保证婴儿能得到一定量的母乳。

另外,不建议母乳和配方奶混在一起喂养婴儿。因为配方奶的水温较高,会破坏母乳中含有的免疫物质,使其失去活性,降低营养价值。

营养师答疑

宝宝吐奶怎么办

吐奶是婴儿在吃固体食物之前常有的现象,具体表现为婴儿将胃中的奶水吐出来,而且量比较多,有时候还会有奶块,有酸味。婴儿吐奶有生理性和病理性之分。正常婴儿每天都会有1~2次吐奶。消化功能紊乱或消化道梗阻的婴儿,吐奶频率则更高。

婴儿生理性吐奶时,妈妈不要太紧张,这是因为婴儿的胃部和喉部尚没有发育成熟导致的。当婴儿吐奶时,妈妈要尽量避免婴儿将奶水吸进气管,导致呛奶。

同时妈妈要学习一些避免吐奶的方法,如喂奶的时候不要太急,中间可稍停片刻;每次喂奶后让婴儿趴在大人肩部,轻轻拍打其背部;喂奶完毕不要让婴儿马上平躺,应使其上半身稍稍挺直;喂奶完毕,不要立刻逗弄婴儿,也不要摇晃婴儿,以免造成吐奶。

如果以上方法都无效,婴儿仍有频繁吐奶现象,要及时就医,检查是否为病理性吐奶,以便及时治疗。

纯母乳喂养的新生婴儿需要额外喂水吗

母乳中不但含有婴儿所需的蛋白质、脂肪和乳糖,而且还含有足量的维生素、水分和铁、钙、磷及微量元素等物质。其中母乳中的水分对6个月内的婴儿来讲已经足够了。因此,一般纯母乳喂养的婴儿不需要再另外喂水。但在一些特殊情况下,比如婴儿因高热、腹泻发生脱水情况时,或服用了磺胺类药物,或盛夏婴儿出汗多时,则需要另外喂些温开水以补充体内水分。

其实不给纯母乳喂养的新生儿喂水是有原因的,如果过早、过多地喂水,会抑制婴儿的吸吮能力,使他们从母亲乳房吸取的乳汁量减少,致使母乳分泌量越来越少。偶尔给他们喂水时,切忌使用奶瓶和橡胶奶头,应用小勺或滴管喂,以免婴儿出现乳头混淆的现象,以致拒绝吸吮母亲乳头,导致母乳喂养困难。

第三章

6个月：可以给宝宝添加辅食啦

给宝宝添加辅食的时候到啦！什么样的食物适合初次给宝宝尝试呢？这期间需要注意什么问题呢？本章将一一为新手爸爸妈妈们讲解，在选购婴幼儿食物的时候要注意掌握正确的选购技巧，选优质、安全的食物，为宝宝的健康成长保驾护航。

宝宝的成长与变化

满六个月时,男婴体重平均7.8千克,身长平均67.8厘米,头围约44.1厘米;女婴体重平均7.2千克,身长平均65.9厘米,头围约43厘米。出牙两颗(由于个体发育不同,在10个月内出牙都属于正常现象)。

这个阶段的宝宝,体格进一步发育,神经系统日趋成熟。此时的宝宝差不多已经开始长乳牙了,通常最先长出两颗下中切牙(下门牙),然后长出上中切牙(上门牙),再长出上侧切牙。

6个月宝宝的营养需求

6个月的宝宝,由于活动量增加,热量的需求量也随之增加。纯母乳或者配方奶喂养已经不能完全满足孩子生长发育的需要。可以开始尝试添加辅食,粥和菜泥都可以添加一点,还可以用水果泥来代替果汁。已经长牙的婴儿,可以试着吃一点饼干,锻炼咀嚼能力,促进牙齿和颌骨的发育。在宝宝适应辅食之后,慢慢增加食物的品种,让宝宝吸收更丰富的营养。

安全喂养，宝宝更健康

辅食喂养技巧需掌握

应选择大小合适、质地较软的勺子。轻轻地平伸，放到宝宝的舌尖上。不要让勺子进入宝宝口腔的后部或用勺子压住宝宝的舌头，否则会引起宝宝的反感。

开始时只在勺子的前面装少许食物。如果宝宝将食物吐出来，妈妈就将食物擦掉，然后再将勺子放在宝宝的上下唇之间，让他接着吃。

不要给宝宝压力

大多数宝宝无法在第一次进食辅食时就吃得很好，常常吃一口吐一半出来，妈妈们要有耐心，并在时间充裕的情况下以轻松愉快的态度喂食，不要强迫宝宝进食，以免宝宝产生抗拒感。若宝宝不喜欢某一种食物，不一定非要强迫宝宝吃，建议先用营养成分相当的其他种类替换。

观察宝宝的反应

第一次让宝宝尝试奶以外的食物时，只能给予一种食物，且从1小勺的量开始，并以由稀渐浓的方式喂食。每种食物在喂食3～5天之后，若宝宝没有出现呕吐、腹泻、皮肤潮红、出疹子等不良反应，才可增加分量或是再添加另一种新食物。

走出辅食添加的误区

把蛋黄作为宝宝的第一种辅食

很多妈妈会把鸡蛋黄作为宝宝第一种辅食,虽然鸡蛋在宝宝的生长发育过程中功不可没,但过早地给宝宝添加蛋黄却是很不妥当的一件事。特别是6个月大的宝宝,肠胃还很虚弱,过早摄入蛋黄容易引起消化不良,有的宝宝甚至吃了还会过敏。

一般情况下,妈妈应将添加蛋黄的时间推迟到8个月后,对于出现蛋黄过敏反应的宝宝,应停止食用蛋黄,至少6个月后才能尝试再次添加。

用牛奶、米汤、稀米粥来给宝宝冲调米粉

在给宝宝添加米粉作为辅食时，很多妈妈会用牛奶、米汤、稀米粥等来冲调米粉，以使宝宝更爱吃，其实这样做是不正确的。

因为用牛奶、米汤等食物冲调出来的米粉浓度太高，会增加宝宝肠胃和代谢负担，影响其消化吸收。此外，将牛奶、米汤等与米粉混合，与成人食物味道差别很大，对宝宝今后接受成人食物会有影响，建议用温开水冲调米粉。

只给宝宝吃米粉，不吃五谷杂粮

有些妈妈只给宝宝吃米粉，认为米粉中的营养成分已经很全面了。其实，米粉多是由精制的大米制成的，大米在精制过程中，主要的营养成分已随外皮被剥离，最后剩下的只有淀粉。婴儿营养米粉中的营养大多是在后期加工中添加进去的，吸收效果肯定不如天然状态的食物营养好。

所以，妈妈不能只给宝宝吃米粉，适当地吃一些五谷杂粮也是很有必要的，可以将燕麦、小米、玉米等熬成糊给宝宝食用。

添加辅食后，就意味着可以给宝宝断奶

有些妈妈可能会认为，添加辅食后，就可以替代母乳给宝宝喂食了。然而辅食之所以被称为"辅"食，正是因为它仅仅只是辅助母乳的一种食物，是无法取代母乳的。

宝宝在一岁前，母乳仍然是食物和营养的重要来源，尤其是维生素的主要来源，而非辅食。宝宝的身体基本能够完全吸收母乳中的营养，而对辅食中的很多营养却难以全部吸收。

正确选择市售辅食

除了自己做辅食,也可以选择市售的婴儿辅食。在给宝宝选择市售的辅食时,下面几点需要注意。

选择质量可靠的品牌

在选购市售辅食时,不仅要注意辅食中的成分,还要尽量选择规模较大、产品质量较好的品牌企业的产品,大品牌的市售辅食从原料来讲都经过严格检测,高温灭菌,真空包装。

检查食品包装

注意检查市售食物的有效日期和包装情况是否符合要求,切记不要购买那些过期或劣质产品。

市售辅食一般选择瓶装或罐装者为佳。购买时要注意,市售辅食以精选无农药污染的上乘原料者为佳。瓶装婴儿辅食还应选择经过高温杀菌,并且包装是无菌真空的。

辅食中的食品添加剂

食物中的食品添加剂有健康的,也有不健康的。健康的食品添加剂有天然的甜味剂,例如蔗糖、葡萄糖等是从天然植物中提取而来的,不健康的食品添加剂包括柠檬黄、胭脂红等。妈妈在购买之前要注意细心地观察食物标签中的说明文字,看看是否存在不利于宝宝健康的添加剂。

营养师答疑

大人可以嚼碎食物给宝宝吃吗

为了让宝宝吃不易消化的固体食物，许多老人会先将食物嚼碎后，再用汤匙或手指送到宝宝嘴里，有的甚至直接口对口喂食。他们认为这样给宝宝吃东西更容易消化。实际上这是一种极不卫生、很不正确的喂养方法和不良习惯，对宝宝的健康危害极大，应当强烈禁止。

食物经咀嚼后，香味和部分营养成分都已损失。嚼碎的食糜，宝宝再囫囵地吞下，未经自己的唾液充分搅拌，不仅食不知味，而且加重了胃肠负担，造成营养缺乏及消化功能紊乱。这种做法还会影响宝宝口腔消化液的分泌功能，使咀嚼肌得不到良好的发育。

宝宝自己咀嚼可以刺激牙齿的生长，同时还可以反射性地引起胃内消化液的分泌，以帮助消化、提高食欲。口腔内可因咀嚼而产生更多分泌物，更好地润滑食物，使吞咽更加顺利地进行。

宝宝可以吃多种食材混合的辅食吗

当妈妈逐渐给宝宝添加蛋黄、菜泥、果泥、米粉，宝宝一顿饭能吃到3~4种辅食时，有的妈妈可能想干脆将几种辅食搅拌在一起让宝宝一次吃完得了。这种做法倒是省事，却是极其错误的。

6个月是宝宝的味觉敏感期，所以给宝宝吃各种不同的食物，不仅是让宝宝得到营养，还要让宝宝尝试不同的味道，让宝宝逐渐分辨出这是果泥的味道，那是菜泥的味道，这是米粉的味道……也就是说，对于各种不同的味道，宝宝要有一个分辨的过程，所以这个时候辅食的味道还是单一化比较好。

推荐给6个月宝宝的安全食物

📍 大米

营养成分
蛋白质、钙、铁、葡萄糖、麦芽糖、维生素B_1、维生素B_2等。

食用建议
大米中赖氨酸缺乏,可以和大豆类食物、肉类食物搭配食用,提高蛋白质的吸收率。

妈妈关心的食物安全问题

黄曲霉毒素的问题。 黄曲霉毒素是一种剧毒物质,易出现在谷物类食物和花生中,其对肝脏组织有破坏作用,严重时可导致肝癌甚至死亡。选购大米时不要选择散称的大米,因为暴露在空气中会增加大米被黄曲霉毒素污染的概率。

香精大米的问题。 香米是一种芳香型的稻米,价格相对较高,因此有一些不法商贩会用香精熏制大米,作为香米售卖获利,食用这样的香米不利于健康。

如何安全选购

1 看颜色: 新米的颜色较鲜亮、通透,而陈米的颜色较黄、灰暗,宜选择新米。

2 看硬度: 大米的硬度越高,则说明蛋白质的含量越高,煮出来的米饭就越有嚼劲。

3 看腹白：大米的腹部会有不透明的白斑，斑点越小，米中的水分越少，成熟度越好，宜选择。

4 闻气味：正常大米有米的清香味；而陈米闻起来则会有霉味或是虫蛀味等其他异常气味。

如何安全清洗与烹饪

大米表层有一层糊粉层，其含有较丰富的B族维生素和膳食纤维，因此淘米时不需要用手用力搓洗，也不宜用温水淘洗，用凉水轻轻搅拌洗净即可，清洗次数以2~3次为宜。

做宝宝餐时，一定要注意把米饭煮熟、煮软，因为米粒半熟时，宝宝不易消化吸收。

营养师推荐宝宝餐

大米汤

原料
大米100克

做法
1. 大米用清水洗净，放到锅里，加适量清水。
2. 先用大火将水烧开，再改成小火煮20分钟左右。
3. 取上层的米汤装碗中，放温后喂给宝宝。

【温馨提示】
给宝宝添加辅食需要从单一的谷物类食物开始，在宝宝完全适应了大米后，可在大米汤中加一点胡萝卜汁。

胡萝卜

营养成分
富含碳水化合物、胡萝卜素、B族维生素、维生素C。

食用建议
胡萝卜与肉类食物搭配食用，可以提高胡萝卜素的吸收率。

妈妈关心的食物安全问题

过量食用的问题。 胡萝卜虽好，但不要过量食用，胡萝卜中含有胡萝卜素，大量摄入会使皮肤的色素发生变化，变成橙黄色。此外还会出现食欲缺乏、精神状态不稳定、烦躁不安，甚至睡眠不踏实等问题。

生吃的问题。 对于成人来说，胡萝卜生、熟食用都可，但对于消化器官还非常稚嫩的宝宝来说，就不建议生食（如鲜胡萝卜榨汁）了。一方面食物太冷会影响肠胃功能，另一方面，不利于机体最大限度地吸收胡萝卜素。

如何安全选购

1 看大小： 太大的胡萝卜可能生长时间过长，太小的则可能成熟度不高，在挑选时选择大小适中的就可以了。

2 看外表： 不要购买有裂口、斑点、虫眼或者疤痕的胡萝卜，应购买外皮光滑、色泽鲜亮的。

3 看叶子： 新鲜的胡萝卜都有叶子连在一起，叶子呈鲜绿色。如果叶子发软，有黄叶、烂叶，说明胡萝卜不太新鲜。

4 看颜色： 新鲜胡萝卜的颜色大多呈现橘黄色，颜色较为自然，光泽度比较好。

如何安全清洗与烹饪

将胡萝卜放入装有清水的盆中，加入食盐搅匀，浸泡15分钟，然后换水，用刷子刷洗胡萝卜表面，将胡萝卜放在流水下，用手搓洗干净，沥干水分即可。

胡萝卜可以选择蒸、煮、炖等低温烹调方式，这样可最大限度地保留胡萝卜中的营养物质。

营养师推荐宝宝餐

胡萝卜泥

原料

胡萝卜50克

做法

1.将胡萝卜洗净后去皮，切成片。
2.将胡萝卜片放入蒸锅蒸软，压成泥，直接用小勺喂给宝宝吃。

【温馨提示】

在宝宝适应了胡萝卜后，可尝试在胡萝卜中加点红薯，口感会更好，营养也更加全面。

香蕉

营养成分
含有蛋白质、果胶、钙等。

食用建议
牛奶香蕉粥比较适合宝宝食用。

妈妈关心的食物安全问题

香蕉变黑的问题。香蕉皮变黑是香蕉炭疽病的表现,其病原菌并不会对人体产生什么影响,只是香蕉成熟时的一种表现。香蕉没有成熟时,其含有大量的鞣酸,容易导致便秘,而成熟后的鞣酸含量大大降低,此时香蕉的口感和营养最佳,也有润肠的作用。成熟后的香蕉应立即食用,当香蕉果肉出现发黑、腐烂等现象时则不宜食用。

空腹吃香蕉的问题。空腹时,胃肠内几乎没有可供消化的食物,此时若吃香蕉,将会加快胃肠蠕动,促进血液循环,加重心脏负荷,不利于健康。

如何安全选购

1 看颜色:要选择香蕉皮颜色纯黄色的,时间越长,香蕉皮颜色越暗,而且会有黑色斑点,口感就不好;蕉把颜色略微带点青色,这样的香蕉才是比较新鲜的,蕉把越黑说明采摘的时间越久,不宜选购。

口尝：宜选择果肉入口柔软糯滑、甜香俱全的香蕉。肉质硬实，缺少甜香的为过生果；涩味未脱的为夹生果；肉质软烂的为过熟果，这些都不宜选购。

如何安全清洗与烹饪

香蕉不需要清洗，将香蕉皮剥掉，取果肉食用即可。但是，切香蕉的刀子最好是水果专用刀，和切蔬菜、肉类的刀具分开。给宝宝食用香蕉的时候，水果刀每次使用前后都应用沸水稍微烫洗一下，能够杀菌消毒。

食用香蕉的时候应选择成熟度适宜的，如果食用半成熟的香蕉则不易于消化，而过熟开始霉坏的香蕉则一定不能喂给宝宝吃。

营养师推荐宝宝餐

香蕉糊

原料

香蕉半根，配方奶1匙

做法

1. 香蕉剥皮，用小勺捣碎，研成泥状。
2. 把捣好的香蕉泥放入小锅里，加1匙配方奶，调匀。
3. 用小火煮2分钟左右，边煮边搅拌。

【温馨提示】

不宜给空腹的宝宝喂香蕉吃。因为空腹吃香蕉会使人体中的镁骤然升高而破坏人体血液中的镁钙平衡，对心血管产生抑制作用，不利于宝宝的身体健康。

第三章　6个月：可以给宝宝添加辅食啦 | 049

苹果

营养成分
富含碳水化合物,也含有果胶、B族维生素、钙、磷、铁等营养物质。

食用建议
苹果食用时最好是将果皮洗干净带皮一起吃,因为果胶主要是存在于果皮中。

妈妈关心的食物安全问题

苹果表皮的自然蜡。 苹果生长过程中形成的无害的蜡,是一种脂类,是苹果的保护层,可以有效防止外界的微生物、农药等进入果肉里面,起到保护作用。食用前多加清洗,将表皮上残留的农药、微生物等洗净即可。

苹果表皮的人工蜡。 人为加上去的蜡分为可食用蜡和工业蜡。可食用蜡是一种壳聚糖物质,这种物质本身对人身体无害处,可适量用于苹果的表面处理,用来防止苹果因长途运输、长时间储存而腐烂变质;而工业蜡是有害的,是不良商家为了节约成本,而又追求苹果表面光滑、鲜亮所使用的,这种物质成分复杂,可能含有汞、铅等重金属,过量摄入会对身体造成伤害。

如何安全选购

1 看外观: 挑选苹果时应选择形状比较圆的。不要选择奇形怪状的,因为这样的苹果不好吃。

2 闻气味: 优质的苹果有一股甜甜的清香。有腐蚀味、化学制剂味的苹果不宜挑选。

3 掂重量：挑选苹果时可掂一下不同苹果之间的重量，若大小差不多，但重量明显较轻的话，这种苹果可能是口感比较绵的，而且水分比较少。所以应购买较重的苹果。

如何安全清洗与烹饪

一般情况下，将苹果放在流水下反复搓洗即可。宝宝2岁以前，身体发育尚不成熟，应将果皮去掉后再给宝宝食用，2岁以后则可以连皮带果肉一起给宝宝食用了。

苹果的烹饪方法有很多，可以榨汁、煮汤。

营养师推荐宝宝餐

苹果汁

原料

苹果1个

做法

1.将苹果洗干净后去掉皮、核。
2.将苹果切成小块，放入榨汁机榨汁。
3.榨出的汁用消毒纱布过滤后，用1倍温开水冲调即可。

【温馨提示】

苹果汁榨好后应尽快喂给宝宝，因为放置在空气中容易氧化变色，影响口感，营养流失。

雪梨

营养成分
含有碳水化合物、铁、胡萝卜素、维生素C以及膳食纤维。

食用建议
梨属于凉性食物，宝宝一次食用不宜过多。

妈妈关心的食物安全问题

杀虫剂残留。一些果农为了使雪梨免遭虫害侵袭，一般会使用杀虫剂杀虫。因此，如果购买回来后没有清洗干净，长期食用含杀虫剂的雪梨，容易对肝肾造成损伤。因此，给宝宝食用的雪梨最好把皮削干净。

黑心雪梨的问题。黑心其实是雪梨在储藏的过程中由于污染问题而出现的一种病害表现，因此一旦黑心就不能再食用了，否则容易对健康造成损害；其次黑心雪梨在外观上会表现出色泽变暗，购买时要注意这一点。

如何安全选购

1 看形状：梨的形状规则，则口感较好。如果梨的形状不规则，则表明果肉分布不均，吃起来口感差，不宜购买。

2 看皮的厚薄度：梨皮薄，则口感较好，水分足。如果梨皮太厚，则汁水较少，口感较差，不宜选购。

3 看底部深浅：底部较深的梨，汁水多，口感好。而底部较浅的梨，水少干涩，口感差，不宜购买。

忌吃食物要谨记

食盐

宝宝的肾脏发育不成熟，无法充分排出食盐中的钠。食盐中的钠滞留在体内，不仅容易引起水肿，还会增加宝宝将来患高血压的概率。同时，摄入过多的盐分还会导致人体内钾的大量流失，引起心脏肌肉衰弱，甚至产生严重的后果。因此，12个月以内的宝宝最好不要食用食盐，12个月以后的宝宝每天食用食盐不应超过1克，1～6岁的宝宝每天食盐摄入量不宜超过2克。

味精

在菜肴中加味精，不仅会增加宝宝肠胃的负担，还会导致宝宝出现缺锌的症状。因为味精中含有谷氨酸钠，其能使血液中的锌转变为谷氨酸锌，最后从尿液中排出，而锌是大脑发育的重要营养元素之一，人体一旦缺锌，不仅影响大脑发育，还会影响身体的发育。

胡椒

胡椒是热性食物，很多家长在宝宝出现腹泻的时候，认为吃点胡椒能缓解宝宝的腹泻，其实这是不对的。宝宝还小，味觉正处于发育阶段，所食用的辅食味道太重，或味道太丰富，都不利于宝宝味觉的发育。另外，胡椒属辛辣食物，刺激性强，食用后还会引起消化不良、便秘等不适症状。

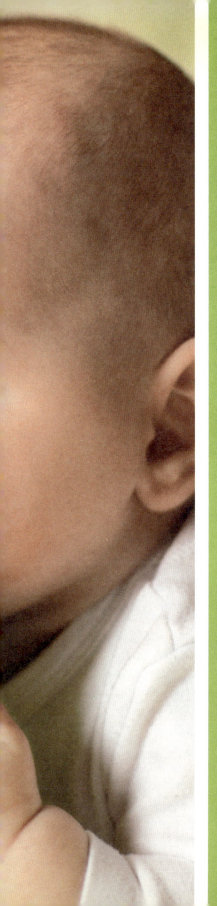

第四章

7~9个月：应吃软烂型辅食，可促进宝宝牙齿生长

应该通过烹饪绿色食物，不添加任何调味品，让宝宝逐渐适应各种原汁原味的食物。这期间，宝宝也开始长牙齿了，什么都喜欢往嘴里塞，爸爸妈妈们要正确引导，培养宝宝良好的饮食习惯。

宝宝的成长与变化

7个月

满7个月时,男婴体重平均为8.3千克,身长平均为69.5厘米,头围约44.5厘米;女婴体重平均为7.7千克,身长平均为67.6厘米,头围约43.5厘米。

如果宝宝下面中间的两个门牙还没有长出,这个月也许就会长出来了。如果已经长出来,上面当中的两个门牙也许就快长出了。

8个月

满8个月时,男婴体重平均为8.8千克,身长平均为71.0厘米,头围约45.1厘米;女婴体重平均为8.2千克,身长平均为69.1厘米,头围约44.1厘米。

9个月

满9个月时,男婴体重平均为9.2千克,身长平均为72.3厘米,头围约45.4厘米;女婴体重平均为8.6千克,身长平均为70.4厘米,头围约44.5厘米。

7~9个月宝宝的营养需求

7个月的宝宝对各种营养的需求继续增长。鉴于大部分宝宝已经开始出牙,在喂食的类别上可以开始以谷物类为主要辅食,再配上蛋黄、鱼肉或肉泥,以及碎菜、碎水果或胡萝卜泥等。在做法上要经常变换花样,这样可以引起宝宝的兴趣。

8个月时,可以让宝宝尝试更多种类的食物。由于此阶段大多数宝宝都在学习爬行,体力消耗也较多,所以应该供给宝宝更多的碳水化合物、脂肪和蛋白质类食物。

9个月宝宝的需求与第8个月时大致相同,可以增加一些粗纤维的食物,如根茎类蔬菜,9个月的宝宝已经长牙,有咀嚼能力了,可以让其啃食硬一点的东西,这样有利于乳牙萌出。

呵护宝宝的乳牙

缓解宝宝出牙期的不适

宝宝出牙时一般无特别不适,但是有的宝宝会因为烦躁不安而啃咬东西。此时,家长可以将自己的手指洗干净,帮宝宝按摩牙床,刚开始按摩时,宝宝可能会排斥,不过当宝宝发现按摩使疼痛减轻了之后,很快会安静下来,并愿意让爸爸妈妈用手指帮他们按摩,有些宝宝还会主动抓住父母的手指咬住。

个别宝宝在出牙期可能还会出现突然哭闹不安,咬母亲乳头,咬手指或用手在将要出牙的部位乱抓乱划,口水增多等现象,这可能与牙龈轻度发炎有关。此时,母亲要耐心护理,分散宝宝的注意力,不要让他用手或筷子去抓划牙龈。

宝宝出牙期易出现腹泻等消化道症状,这可能是出牙的反应,也可能是抗拒某种辅食的表现,可以先暂停添加辅食,观察一段时间就可知道原因。

养成良好的习惯

喂辅食的时候,引导宝宝咀嚼食物,养成细嚼慢咽的好习惯。最好不要让宝宝再用奶瓶喝奶了,而是让宝宝使用杯子喝奶,以免萌出的牙齿经常浸泡在甜甜的奶液中而产生蛀牙。此外,宝宝用奶瓶喝奶,姿势、奶嘴的大小不合适等都有可能造成宝宝上下牙弓咬合不良,出现俗称的"龅牙"问题。

注意引导宝宝进食举止。有的宝宝喜欢含着饭菜久久不吞下去,常这样做,牙齿和口腔内残留的食物渣就会增加,由此产生的细菌也会增多。出现此现象也许是因为宝宝不爱吃这种食物,或者进餐时注意力不集中,家长在旁边要积极鼓励宝宝将食物咽下,可尝试做大动作的示范,让宝宝模仿。

睡前不要让宝宝喝奶、喝果汁。因为睡前喝奶、果汁等,牙齿和口腔内残留的奶液和果汁将会一整晚发酵,其中的糖分会增加宝宝蛀牙的可能性,果汁残留物产生的酸性物质会损害牙釉质。

宝宝偏食怎么办

宝宝8个月了，对于食物的好恶也逐渐地明显了。如果宝宝发现偏食现象，妈妈们可以从以下几点做起，让宝宝爱上辅食。

变换形式做辅食。如果宝宝不喜欢吃蔬菜，给他喂卷心菜或胡萝卜时他就会用舌头向外顶，妈妈可以变换一下形式，比如把蔬菜切碎放入汤中，或做成菜肉卷让宝宝吃，或者挤出菜汁，用菜汁和面，给宝宝做面食，这样宝宝就会在不知不觉中吃进蔬菜。

如果宝宝实在不喜欢吃某种食物，也不能过于勉强。如果宝宝在食用辅食后很久都没有想要吃母乳，就说明辅食添加过多，要适当减少。

如果喂什么宝宝都把头扭开，手掌拇指下侧有轻度青紫色，说明宝宝有积食，要考虑停喂两天，必要时咨询医生。

宝宝吃辅食后如果出现消化不良现象，如呕吐、拉稀、食欲缺乏等症状，应考虑宝宝是不是对食物过敏或生病了，应暂时停喂，并及时就医。

宝宝可以只喝汤吗

中国有句老话叫"营养都在汤里面"，大家通常认为鱼汤、肉汤、鸡汤等营养最丰富，喝汤比吃肉更好，因此许多妈妈给宝宝炖煮各种"营养汤"，却不见宝宝强壮。

实际上汤的营养不及肉的营养。即使慢慢炖出来的汤，里面也只有少量的维生素、矿物质、脂肪及蛋白质分解后的氨基酸，营养价值最多只有原来食物的10%~12%，而大量的蛋白质、脂肪、维生素及矿物质仍然保留在肉中。因此，宝宝即使喝了大量的汤，仍然得不到足够的营养。况且宝宝的胃容量有限，喝了大量的汤后，往往就没有胃口吃其他食物了。所以，妈妈们不能只给或多给宝宝喝汤，而应当给宝宝适当吃菜、吃肉泥，在此基础上，可以喂食少许汤。

推荐给7~9个月宝宝的安全食物

玉米

营养成分
含碳水化合物、胡萝卜素、B族维生素、维生素E及钙、铁、铜等物质。

食用建议
宜与菜花、洋葱、大豆、鸡蛋、木瓜同食。

妈妈关心的食物安全问题

发霉变质的玉米。 发霉变质的玉米会产生有毒物质——黄曲霉毒素，会损伤人体的肝脏组织，降低免疫力，所以发霉的玉米绝对不能给宝宝食用。

添加了甜蜜素、玉米香精的玉米。 不良商贩为了让玉米的颜色和口感更好，会在煮玉米的过程中加入甜蜜素或玉米香精。甜蜜素和玉米香精都属于食品添加剂，没有任何营养价值，食用过量会对身体产生伤害，最好不要购买外面商贩售卖的煮玉米回来给宝宝吃。

如何安全选购

1 看外壳叶： 叶子颜色呈现鲜绿色，不蔫巴，说明玉米比较新鲜。

2 看下端穗柄口： 断口如果是黑色，则说明采摘时间太久，不新鲜了。

3 看玉米须：玉米须露出来的部分稍微有点黑并且干干的，撕开一点外壳叶，发现里面的玉米须是黄白色的，则是新鲜的，如果玉米须呈现蔫巴的状态，则不新鲜。

4 看玉米粒：新鲜玉米粒是饱满多汁的，用指甲轻轻掐一下，就可出汁水。如果是老玉米或久置的玉米，则掐不出汁水。

如何安全清洗与烹饪

将玉米外面的皮剥掉，将玉米须尽量剥除。取一干净的盆，放入适量清水及食盐，将整根玉米放进去，浸泡一会儿，用手将漂浮的玉米须和杂物去掉，取出玉米，在水龙头下冲洗一会儿即可。

奶香玉米糊

原料

玉米粒80克，配方奶100毫升

做法

1. 将玉米粒放入沸水锅中焯水后捞出，取一部分放入搅拌机中搅成泥状，另一部分待用。
2. 将玉米泥和配方奶一起搅拌，混合均匀。
3. 搅拌后的液体倒入锅中，边煮边搅匀，煮开后盛入碗中，放上玉米粒即可。

【温馨提示】

购买生玉米时，以七八成熟的为佳，太嫩的玉米，水分过多。

红薯

营养成分
蛋白质、淀粉、果胶、纤维素、氨基酸、维生素及多种矿物质。

食用建议
红薯中膳食纤维含量高,宝宝不宜多吃,否则会出现腹泻的情况。

妈妈关心的食物安全问题

食物中毒的问题。红薯在运输、储藏的过程中,如果某一流程没有做好,就会受到真菌的污染,最直观的表现便是红薯表面有黑褐色斑块,称为黑斑病。食用这样的红薯会引起食物中毒,其毒素主要为甘薯酮、甘薯醇。这些毒素耐热性强,无论是清洗、蒸、煮都不能被祛除,因此妈妈们千万不能给宝宝食用表面有黑褐色斑块的红薯。

另外,红薯中含有较多的氧化酶,进入人体胃肠道后会产生二氧化碳,引起腹胀、打嗝、泛酸等不良反应,因此红薯不能多吃,应该控制食用量。

如何安全选购

1 看外观:选择颜色较鲜艳、饱满的红薯,这样的红薯质量较好,口感佳。如果红薯有发霉或者有缺口的则不要挑选。

2 看颜色:放久了的红薯,它的表皮颜色会变得暗淡,不再是鲜艳的颜色,表皮明显粗糙,干瘪瘪的。久置的红薯水分流失,营养成分也流失了,因此不宜选购。

如何安全清洗与烹饪

红薯口味细腻甜滑、香味浓郁、营养丰富。要真正发挥薯类的优势，用其替代部分粮食，每天的总淀粉数量不仅不会升高，而且维生素、纤维素、矿物质的摄入量会增多，对于提高一日当中的整体营养质量有益。

红薯大米糊

原料
大米粥20克，红薯10克

做法
1.将红薯洗干净去皮，切成薄片，入沸水锅中蒸至熟软，用勺子压成薯泥。
2.将备好的大米粥小火煮沸，加入薯泥拌匀即可。

【温馨提示】
红薯应蒸煮熟透了才食用。因为生红薯中淀粉的细胞膜未经高温破坏，很难在人体中消化，易导致腹胀、消化不良。

土豆

营养成分
富含碳水化合物、蛋白质、脂肪、维生素B_1、维生素B_2、钙、磷、铁等。

食用建议
土豆淀粉含量高,可以偶尔把土豆当做主食食用。

妈妈关心的食物安全问题

土豆中毒的问题。 土豆皮中含有一种叫生物碱的有毒物质,如果人体摄入大量的生物碱会引起中毒、恶心、腹泻等反应。因此,食用时一定要去皮,特别是要削净已变绿的皮。此外,如果是少许发芽但是未变质的土豆,可以将发芽的芽眼彻底挖去,将皮肉青紫的部分削去,去皮后浸水30~60分钟,使残余毒素溶于水中;烹调时也可以加点食醋,充分煮熟后再吃。

土豆中毒一般发生在春季及夏初季节,这时的天气潮湿温暖,若土豆保存不当,就会发芽。把土豆放在低温、无阳光直射的地方,可以防止发芽。而发芽过多或皮肉大部分变色的土豆是万万不能吃的。

如何安全选购

1 看外形: 选择没有破皮、圆形的土豆,且越圆越好削。劣质土豆小而不均匀,有损伤或虫蛀孔洞、萎蔫变软、发芽或变绿、有腐烂气味的土豆都不宜购买。

2 看颜色： 土豆表面若有黑色类似淤青的部分，其里面多半是坏的。冻伤或腐烂的土豆，肉色会变成灰色或有黑斑，水分少。

如何安全清洗与烹饪

可以将土豆先放入盆中，加入适量清水，加少许盐，搅拌均匀，将土豆浸泡10~15分钟，捞出，用刮皮刀将土豆去皮，用小刀将土豆的凹眼处剜去，再用流动清水冲洗干净即可。

土豆宜用小火慢煮，这样能保证均匀地熟烂。若急火烧煮，会使外层熟烂开裂，而里面却是生的。

营养师推荐宝宝餐

土豆苹果糊

原料
土豆20克，苹果1个

做法
1.将土豆、苹果分别洗净去皮，切块。
2.将土豆放入蒸锅内蒸熟，取出后捣成土豆泥。
3.将苹果用搅拌机打碎成泥，取出，加入适量水，煮至稀粥样时关火，将苹果糊倒在土豆泥上即可。

【温馨提示】
要让宝宝适应食物的原汁原味，不需要添加其他调味品。

豌豆

营养成分
蛋白质、磷、钙、铁、胡萝卜素、维生素B_1、维生素B_2、维生素B_3等。

食用建议
豌豆蛋白质含量高,适量食用可以弥补饮食中蛋白质摄入量不足的问题。

妈妈关心的食物安全问题

豌豆可能会有黄曲霉毒素或者生物碱中毒的问题。不同于块茎类植物,如土豆、红薯发芽则不能食用,豌豆、绿豆、黄豆发芽的话会有营养价值上的改变,但不会有食品安全问题。我们也常常食用绿豆芽、黄豆芽,买回来的干燥豌豆、绿豆等如果出现发芽情况,应该首先考虑是否储存的方式不当,被污染的可能性有多大。即使豌豆发芽不会造成中毒,但已经不新鲜了,为了宝宝的健康着想,还是不建议给宝宝吃发芽的豌豆。

如何安全选购

1 看外观:选择豆粒饱满、色泽鲜绿、没有虫蛀的好豌豆,口感佳,营养价值高。

2 看颜色:豌豆肉和表皮一样是绿色的,则是好的豌豆。如果豌豆肉稍微发白,可能是经过染色的豌豆。

3 听声音： 选购带有豆荚的豌豆时，抓一把豆荚晃动，如果有响声则是较好的豌豆。

4 摸质地： 用手捏豌豆，较老的豌豆要比新鲜的豌豆硬一些。新鲜豌豆的豆肉不会明显分开，而老豌豆的两瓣豆肉会自然分开。

如何安全清洗与烹饪

新鲜豌豆一般有去荚和不去荚两种，可根据需要购买。将已去荚的豌豆放在盆里用清水冲洗2~3次即可，不需要浸泡便可以直接进行烹饪。

豌豆可以煮、炒、煲，妈妈们需要注意的是宝宝的牙齿尚在发育生长阶段，豌豆粒一定要煮熟煮软，但是不需要把它捣碎或压成末，软软的豌豆粒正好可以锻炼宝宝的咀嚼能力，使宝宝的牙齿得到锻炼，更加坚固。

营养师推荐宝宝餐

豌豆粥

原料
大米40克，豌豆15克，鸡蛋1个

做法
1. 将大米、豌豆洗净后，分别放入清水中浸泡30分钟。
2. 锅中注入适量清水后，再把大米和豌豆放入锅中。
3. 用大火煮沸后，再转小火慢慢煮至熟烂。
4. 把鸡蛋打散成蛋液，慢慢倒入锅中，搅匀，稍煮片刻即可。

【温馨提示】
煮的时间较长，可以多加一点水，以免煳锅。

木瓜

营养成分
木瓜含有木瓜酶、维生素A、B族维生素、维生素C及维生素E等营养成分。

食用建议
木瓜中含有的木瓜酶可以嫩化肉类食物,让肉类食物的营养更易于人体吸收。

妈妈关心的食物安全问题

过敏问题。 木瓜营养价值高,是宝宝的理想食材,但需要注意的一个问题是:木瓜是易引起宝宝过敏的水果之一。过敏体质的宝宝则不宜食用,当然在给宝宝添加木瓜辅食时,也要先给宝宝尝一小口,观察一下,没有过敏现象才可以继续给宝宝喂食。

如何安全选购

1 看表皮: 选择表皮光滑、色泽鲜亮、没有色斑的木瓜。

2 摸质感: 按一按木瓜的表皮,选择稍微软但不是很软的那种,肉质会比较结实,口感也甜。

3 掂重量: 相同体积的木瓜选择手感轻的,味道会比较甜,而手感沉的木瓜还没有完全成熟,口感较差。

西瓜

营养成分
糖、番茄红素、膳食纤维、维生素C、钙、铁等。

食用建议
宜与冬瓜、鸡蛋、冰糖、薄荷同食；西瓜不宜多吃，以免影响正餐进食量。

妈妈关心的食物安全问题

西瓜子的问题。 吃西瓜时尽量选择熟透、新鲜的西瓜，为了宝宝的肠胃健康，给宝宝吃的西瓜一定要把西瓜子去除干净，以免发生便秘或瓜子误入气管的危险。

腹泻问题。 有的妈妈担心西瓜寒凉，宝宝吃了会拉肚子，其实只要控制好宝宝食用西瓜的量是不会拉肚子的。如果宝宝还小，可以先从喝少量西瓜汁开始。注意不要给宝宝吃冰镇过的西瓜。

如何安全选购

1 看底部： 西瓜底部的圆圈越小越甜，圆圈越大越不甜。

2 看蒂部： 蒂部青翠弯曲的是新鲜的瓜，干瘪的表示放置时间很久，瓜不新鲜。

3 看纹路：西瓜的纹路比较清晰，光鲜滑亮，是比较好的瓜。如果瓜的一边出现较大范围黄色果皮，那这个瓜口感相对较差。

4 听声音：用手掌敲击西瓜皮，如果敲起来有嘭嘭的响声，则表示瓜比较好。如果敲起来是当当响的清脆声，则表示是生瓜，不宜选购。

将西瓜放入水池，一边冲洗，一边用刷子轻刷瓜皮，果蒂和果脐尤其要注意清洗干净，最后用清水将西瓜冲洗干净，沥干水分即可。

西瓜草莓汁

原料
去皮西瓜150克，草莓50克

做法
1. 将西瓜切块。
2. 将洗净的草莓去蒂，切块，待用。
3. 将西瓜块和草莓块倒入榨汁机中，注入100毫升凉开水。
4. 盖上盖，启动榨汁机，榨约15秒成果汁，倒入杯中即可。

【温馨提示】
西瓜性凉，有肠胃不适的宝宝不宜饮用此果汁。

鸡肉

营养成分
蛋白质、脂肪、碳水化合物、维生素B_1、维生素B_3、钙、磷、铁、钾等。

食用建议
鸡胸肉与鸡大腿肉、鸡小腿肉和鸡翅相比，脂肪含量最低。

妈妈关心的食物安全问题

"注水鸡肉"的问题。现在市场上有些不良商贩为了给鸡增重，会用注射器给鸡肉注水，这样做不仅会影响鸡肉的品质，还会产生细菌等污染物质。将水注入鸡肉里，会引起鸡的体细胞膨胀性破裂，导致蛋白质流失，从而降低鸡肉的营养。注水过程中没有消毒等手段，容易产生细菌等污染物质，且注水后的鸡肉自身也容易感染各种病原微生物，食用这样的鸡肉会给人体健康带来严重危害。如果注水鸡肉注入的是不洁净的水，食用后还可能会导致食物中毒。

如何安全选购

1 看外表：新鲜的鸡肉外表光滑，不会有黏液。鸡胸肉则要挑选表皮完整、没有损伤的为佳。

2 看颜色：新鲜的鸡肉表皮颜色为黄白色；而不新鲜的鸡肉，肉的颜色会变暗，表皮没有光泽。

3 闻味道：新鲜的鸡肉闻起来是正常的肉味；而不新鲜的鸡肉闻起来会有腥臭味。

如何安全清洗与烹饪

购买全鸡时，有条件的话应选择现杀现卖的全鸡，并且让卖家及时把鸡的内脏清除干净，可以减少细菌的滋生。带回家后，将宰杀好的全鸡或者鸡肉放在流水下冲洗干净，把鸡油和脂肪切除即可。

鸡肉肉质细嫩，味道鲜美，并富有营养，有滋补养身的作用。鸡肉不但适于热炒、炖汤，而且适合冷食凉拌。但切忌吃过多的鸡肉加工类食品，以免引起肥胖。

营养师推荐宝宝餐

鸡肉嫩南瓜粥

原料

鸡胸肉30克，去皮嫩南瓜35克，冷米饭70克

做法

1. 将鸡胸肉汆煮熟透，捞出沥干，切碎；盛出锅中的鸡汤，过滤到碗中待用。
2. 洗净去皮的嫩南瓜切碎。
3. 砂锅中倒入米饭，压散，放入鸡胸肉，倒入鸡汤，搅匀，用小火煮至粥品微稠。
4. 倒入切碎的嫩南瓜续煮至粥品黏稠即可。

【温馨提示】

将一根筷子插入煮好的鸡肉中，如果很轻松就能插入，说明鸡肉煮熟了。

忌吃食物要谨记

海带

海带是一种营养价值很高的食物，但是不建议9个月以内的宝宝食用。因为海带中含有大量的胶质和粗纤维，这些物质都不易消化，宝宝的消化功能还不够健全，食用海带易造成消化不良，引起腹痛、腹胀等症状。另外，海带中含有丰富的碘，而宝宝的肾脏功能还未发育完善，无法排出体内多余的碘。建议宝宝1岁以后再食用海带。

紫菜

紫菜的营养价值很高，宝宝适量食用一些紫菜，对身体很有益处，但不建议9个月以内的宝宝食用。因为紫菜含有丰富的粗纤维，难以消化，而宝宝的消化功能还不够完善。9个月以后的宝宝也不宜多食，食用时要将紫菜弄碎。

蛋白

有的妈妈认为鸡蛋营养价值高，便想给宝宝添加鸡蛋作为辅食，其实，宝宝在1岁以前胃肠道功能尚未发育完善，肠壁很薄，通透性很高。而蛋白中的白蛋白分子较小，可以直接透过肠壁进入宝宝的血液中，这种异体蛋白为抗原，会使宝宝的体内产生抗体，再次接触异体蛋白时，宝宝会出现一系列过敏反应。因此，在宝宝1岁以前，只宜喂食蛋黄，不宜喂蛋白。

第五章

10~12个月：让宝宝学会自己动手吃饭

即将满1周岁的宝宝，正处于学习、模仿的阶段，爸爸妈妈可以尝试让宝宝学着自己动手吃饭。这期间可以适当增加食物的硬度，让宝宝学习咀嚼，同时可以让宝宝和大人一起用餐，培养宝宝良好的就餐习惯。

宝宝的成长与变化

10个月

此阶段宝宝的身长会继续增加，给人的印象是变瘦了。

满10个月时，男婴的体重平均为9.5千克，身高平均为73.6厘米，头围约45.8厘米；女婴的体重平均为8.9千克，身高平均为71.8厘米，头围约44.8厘米。

11个月

满11个月时，男婴的体重平均为9.9千克，身高平均为74.9厘米，头围约46.1厘米；女婴的体重平均为9.2千克，身高平均为73.1厘米，头围约45.1厘米。

12个月

满12个月时，男婴的体重平均为10.2千克，身高平均为76.1厘米，头围约46.5厘米；女婴的体重平均为9.5千克，身高平均为74.3厘米，头围约45.4厘米。

10~12个月宝宝的营养需求

10个月时，宝宝的营养需求大体与9个月时相同，但是哺乳次数应该有所减少，每天不少于2次即可。可以给宝宝尝试软饭和各种绿叶蔬菜，品种更加丰富的食品有利于各种营养元素的摄入。

11个月时，宝宝已经萌出了上、下、中切牙，可以试着给宝宝食用较硬的食物，以锻炼其咀嚼能力。同时哺乳次数也要减少，并适当增加每餐辅食的量，以满足宝宝生长所需。

12个月时，乳品虽然依旧是主要食品，但宝宝的用餐习惯应逐步向大人靠近。可以让宝宝保持一日三餐的好习惯，并且在两餐之间添加点心、乳品等，以满足宝宝对能量的需求。

培养宝宝良好的饮食习惯

引导宝宝使用汤匙

10~12个月的宝宝颈部和背部的肌肉发育已经明显成熟,能够稳稳地坐在婴儿专用的高背椅上,手和嘴的配合协调性已经有了一定的进步,具备了自己进食的基本能力。此时,妈妈可以为宝宝准备专用的座椅和餐具,创造宝宝自己进食的环境,鼓励宝宝自己进食。

在宝宝自己进食的过程中,爸爸妈妈要有耐心,如果宝宝能够顺利完成,不仅锻炼了宝宝的综合能力,还可以增强宝宝的自信心。妈妈还可以邀请宝宝到餐桌上和家人共同进餐,大家一起享受美食,宝宝会受到感染,从而增加食欲。

纠正边吃边玩的坏习惯

10~12个月的宝宝活动能力增强,可自由活动的范围扩大了,有些宝宝不喜欢一直坐着不动,包括进食的时候也是如此。若出现这样的情况,在进食前最好先把会吸引宝宝的玩具等东西收好。当宝宝吃饭时出现扔汤匙的情况,家长要表现出"不喜欢宝宝这样做"的态度。如果宝宝仍重复扔就不要再给宝宝喂食物了,最好收拾起饭桌,千万不要到处追着给宝宝喂食物。

定点定量

宝宝每日的饮食安排要向"三顿辅食餐、一次点心和两顿奶"转变,逐渐增加辅食的量,为断奶做准备,但每日饮奶量应不少于600毫升。

如果宝宝拒绝吃饭,爸爸妈妈就不要强迫宝宝进食,不能将吃饭变为一场"战争"。在尊重宝宝的同时,了解宝宝不愿意进食的原因。如果是因为吃太多零食,妈妈就要控制宝宝的零食摄取量了,在正常进餐之前,不让他吃任何零食。如果是因为贪玩或被某一事物吸引而不愿意吃饭,可以给予适当的"惩罚"。

正确应对宝宝过敏的难题

随着宝宝逐渐长大,到了第12个月的时候,宝宝可以吃的辅食种类越来越多了,但是仍然有很多食物不适合在这个阶段食用,一旦宝宝误食了不能吃的食物,就可能会引起过敏现象。

常见的过敏反应有异位性皮肤炎、肠胃道过敏、过敏性鼻炎、过敏性结膜炎、荨麻疹等。妈妈可以通过观察来判断宝宝是不是过敏了,有以下几种常见过敏情况:

1 消化道过敏:一般的表现是腹泻、腹胀、呕吐、恶心、便秘、口咽部瘙痒等。

2 皮肤过敏:一般的表现是出现湿疹、荨麻疹、红斑、皮肤瘙痒等症状。

3 呼吸系统过敏:一般的表现是流鼻涕、打喷嚏、咳嗽、气喘。

为了预防宝宝过敏,妈妈必须了解哪些食物是宝宝现阶段不能吃的,也就是哪些食物是最容易引起宝宝过敏的,这些食物包括奶制品、西红柿、鸡蛋、扁豆、豌豆、猪肉、小麦、芥末、蜂蜜、香料等。

妈妈需要注意的是,食物中的过敏原可能存在一定的相互交叉性,即多种食物可能含有相同的过敏原,从而会出现如果对一种食物过敏则会对另一种也会过敏,妈妈要仔细观察。

为了预防宝宝过敏,妈妈要尽量为宝宝营造一个舒适的生活环境,让宝宝在健康的环境中成长,适当多增加一些运动,让宝宝增强免疫力。

 **营养师答疑**

宝宝吃水果时需要注意什么

水果清甜可口,含有丰富的维生素,是宝宝理想的"小零食"。那么吃水果的时候,有哪些注意事项呢?

宝宝在这个阶段,已经有一定的咀嚼能力了,妈妈可以将水果切成块状,让宝宝自己拿着吃,但是带籽的水果,如葡萄、西瓜等籽比较大的,需要将籽去掉,以免卡在宝宝的食管;吃水果尽量不要在餐前餐后吃,餐前吃水果容易影响正餐的摄入,餐后吃水果容易形成胀气、便秘;同时要根据宝宝的体质来选择水果。

饮用豆浆时需要注意什么

豆浆可以促进宝宝肠胃健康、增强免疫力,并可以补充钙、促进骨骼发育等。但是妈妈们要注意以下几点,正确饮用豆浆才能有效发挥其营养价值。

豆浆一定要煮熟后饮用,生豆浆中含有胰蛋白酶抑制物、皂苷、植物红细胞凝集素等,不利于身体健康;豆浆不宜与药物同食,药物会破坏豆浆的营养成分,豆浆也会影响药物的效果。

推荐给10～12个月宝宝的安全食物

📍 糯米

营养成分
含有蛋白质、糖类、钙、磷、铁、维生素B_1、维生素B_2、维生素B_3等。

食用建议
糯米中的淀粉分解较快，宝宝不宜多吃。

妈妈关心的食物安全问题

消化问题。 糯米中含有的支链淀粉分解消化快，饱腹感差，宝宝食用时，容易一次性食用过多而引起积食。

生虫问题。 糯米如果储存不当，时间久了很容易生虫。妈妈们要特别注意糯米的储存环境，以通风干燥处为宜。已经生虫或变质的糯米不要给宝宝食用。

如何安全选购

1 闻气味： 好的糯米有股淡淡的米香味，如果有刺鼻的味道或者酸味，则是有问题的糯米。

2 看质地： 糯米放置时间久了，就会出现"爆腰"的现象，即米粒中间出现横纹，有爆腰的糯米不宜购买。

3 看颜色：糯米的颜色是雪白色的，如果米粒上有黑点，则可能是发霉了，不宜购买。糯米是不透明的颗粒，抓一把糯米仔细观察，如果发现其中有半透明的米粒，可能是掺了大米，滥竽充数的。

如何安全清洗与烹饪

糯米的清洗和其他谷类一样，用凉水轻轻搅拌，洗2~3遍即可。

可以给宝宝多吃粳米、糯米做成的食物，如粳米粥、糯米粥，不仅容易消化，也能补益脾胃。

营养师推荐宝宝餐

糯米山药粥

原料

糯米、大米各50克，山药适量

做法

1. 将山药去皮，洗干净后切成小块。
2. 糯米和大米洗干净后加水煮成粥，至七成熟时放入山药煮至熟烂，放置温热即可给宝宝喂食。

【温馨提示】

如果觉得煮好的粥颗粒较大，不利于宝宝吞咽，可以用食品料理机搅打成细腻的糊状再喂给宝宝吃。

豆腐

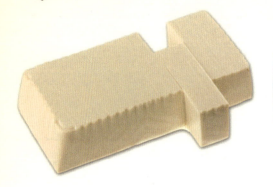

营养成分
蛋白质、碳水化合物、维生素、矿物质、大豆卵磷脂、大豆异黄酮等。

食用建议
宜与鱼、韭菜、油菜、金针菇、草菇同食；豆腐与猪血一起食用可以起到补血的作用。

妈妈关心的食物安全问题

造假的问题。在选购豆腐的时候，妈妈们需要注意的是豆腐是否造假。一些不良商贩使用淀粉、合成蛋白、漂白剂以及一些食品添加剂制成假豆腐，这种豆腐营养价值低，味道、口感都很差，还会对人体造成伤害，因此须格外注意。

如何安全选购

1 看色泽：优质豆腐的颜色是均匀的乳白色或淡黄色，是豆浆的色泽；劣质豆腐的颜色呈灰白色，没有光泽。

2 试弹性：优质的豆腐富有弹性，质地嫩滑，形状完整；劣质的豆腐比较粗糙，摸上去没有弹性，而且不滑溜，反而发黏。

3 闻味道：优质的豆腐会有豆制品特有的香味；劣质的豆腐豆腥味比较重，还有其他的异味。

4 尝口感：优质豆腐掰一点品尝，味道细腻清香；劣质的豆腐味道比较淡，还会有苦涩味。

如何安全清洗与烹饪

没有包装的豆腐很容易腐坏,买回家后应立刻浸泡于水中,并放入冰箱冷藏,烹调前再取出。清洗豆腐时可以用细水流将豆腐冲洗一遍,然后取一盆清水,将豆腐放入,浸泡15分钟左右即可。

常见的豆腐有三种:南豆腐、北豆腐和内酯豆腐。

南豆腐是指用石膏点的豆腐,石膏的主要成分是硫酸钙,所含水分比北豆腐高;北豆腐是用卤水点的豆腐,卤水的主要成分是氯化钙和氯化镁;内酯豆腐是用葡萄糖内酯点的豆腐,更鲜嫩,适合做汤。

相比较而言,北豆腐的营养价值更高,妈妈们应该优先选择给宝宝吃北豆腐。豆腐所需的消化时间长,有消化不良症状的宝宝不宜多食。

什锦豆腐糊

原料
嫩豆腐50克,胡萝卜150克

做法
1.将嫩豆腐放入开水中焯一下,捞出沥干水分后切成碎块,放入碗中捣碎。
2.将胡萝卜洗净,煮熟后捣碎。
3.将胡萝卜豆腐泥放入锅内,加少量清水煮至收汤为止。

【温馨提示】
在宝宝适应了胡萝卜和豆腐的情况下,也可以在什锦豆腐糊中加一些宝宝喜欢的青菜碎。

西蓝花

营养成分
蛋白质、碳水化合物、脂肪、钙、磷、铁、胡萝卜素、维生素C等。

食用建议
西蓝花烹饪的时候最好先焯水,这样可以减少农药残留,也更易于宝宝食用。

妈妈关心的食物安全问题

西蓝花在生长过程中容易受到虫害的侵袭,因此菜农往往会喷洒一些生物制剂以杀灭害虫,保护西蓝花,使其能健康生长,这样一来,虽然西蓝花可以生长得很好,但同时也存在着农药残留的问题,建议妈妈们选购西蓝花的时候不要只挑选外形好看的,应该闻一闻有没有刺激性的味道,如果没有方可安心选购。

如何安全选购

1 看外表:花球表面无凹凸,整体有膨隆感,花蕾紧密结实的西蓝花品质较好。

2 看颜色:应选择深绿鲜亮的西蓝花,若发现有泛黄或者已经开花的,则表示过老或储存时间太久。

3 掂重量:同样大小花球的西蓝花,选择重的为宜,注意不要选择花梗过硬的西蓝花,这样的西蓝花生长时间过长,口感较差。

4 看叶子:应选择叶片十分嫩绿,而且较为湿润的。若发现西蓝花的叶片已经发黄、枯烂,则不要购买。

如何安全清洗与烹饪

在处理西蓝花时,可以选择掰开或者在花梗处剪下,这样避免将花球弄散,也方便清洗,容易将其中的残留物清洗出来。用流水冲洗几次即可。

在烹调西蓝花时,传统的做法是将其煮熟,但是这样会使营养素损失较多,建议在烹调时用快炒、清蒸和焯水的方式,既可以保持口感,又能避免营养素的大量流失。

营养师推荐宝宝餐

虾汁西蓝花

原料
西蓝花30克,新鲜大虾2只,盐1克

做法
1.将西蓝花洗净煮软,捞出,沥干水分,切碎,装入容器中,待用。
2.将大虾挑去虾肠,清洗干净后放入滚水中煮熟,捞出,剥去虾壳,将虾仁切碎。
3.将碎虾仁放入小煮锅中,加入盐和少许水,大火煮5分钟成虾汁。
4.将煮好的虾汁和虾泥淋到西蓝花碎上。

【温馨提示】
有些宝宝可能不爱吃西蓝花,妈妈们也可以把西蓝花换成菜花。

香菇

营养成分
碳水化合物、钙、磷、铁、维生素、蛋白质、香菇多糖、天门冬素等。

食用建议
宜与牛肉、猪肉、木瓜、油菜、豆腐、莴笋、鸡肉同食；干香菇泡发时用温开水最适宜。

妈妈关心的食物安全问题

有毒香菇的问题。 人工栽培的香菇一般是没有毒的，需要警惕的是在野外采摘的香菇，有些商贩可能会在售卖的香菇中掺杂野生香菇，这些野生香菇中很可能会有毒香菇，妈妈们需要擦亮双眼，不要轻易购买野生的香菇。

发霉变质的香菇。 发霉变质的香菇含有的毒素可能会引起食物中毒，有些不良商贩将发霉的香菇重新清洗后晒干继续贩卖，食用后容易出现中毒的现象。

重金属聚集的问题。 由于香菇、木耳中含有能和重金属结合的蛋白，使得其不怕重金属，栽培的环境比较广泛，有些商贩为了降低成本，往往将香菇放在被"污染"的地方栽培，从而使得香菇中重金属含量超标，因此，我们应选购经过环境监测部门、食品安全部门检查达标、认证过的香菇。

如何安全选购

1 闻味道： 新鲜香菇有一股浓浓的属于香菇本身的鲜味，如果闻到的是异味，很有可能是不良商贩为了给香菇保鲜而用甲醛浸泡过，吃了这样的香菇对人体有危害，不能购买。

2 看外观：宜选择菇形完整、菌肉厚、大小适宜、外表不黏滑、没有霉斑的香菇。

3 看颜色：好香菇的颜色为黄褐色。如果是颜色发黑，用手轻轻一捏就破碎的香菇，则表明是不新鲜的，不宜购买。

如何安全清洗与烹饪

买回来的香菇先用清水将表面的灰尘等杂质冲洗掉，然后放在淡盐水里浸泡5分钟左右，用手轻轻揉搓香菇的表面，再用流动水冲洗干净即可。

香菇可以用来炒、煮、炖、煲等。香菇本身有一股鲜味，因此可少放调味品，让宝宝多熟悉食物本身的味道。

营养师推荐宝宝餐

香菇肉末饭

原料

香菇1朵，牛肉末、米饭各20克，紫菜少许

做法

1. 将香菇洗干净切碎；将紫菜撕成小片备用。
2. 锅中放入适量清水烧开，放入牛肉末煮至八成熟，再放入米饭煮片刻。
3. 待米饭煮软后撒上香菇碎、紫菜碎，煮软即可。

【温馨提示】

香菇味道较鲜，宝宝每次食用量不宜过多，以免引起对其他食物的厌食现象。

红枣

营养成分
糖、钙、磷、铁、镁及维生素B_1、维生素B_2。

食用建议
红枣较甜，宝宝不宜多吃，适量食用即可。

妈妈关心的食物安全问题

熏染的问题。 注意不要购买被熏染过的红枣，选购的时候要挑选大品牌、有包装的。如果是散装的，看看外观颜色是不是特别鲜亮，闻闻有没有其他刺鼻的味道，如果有，则不宜选购。

糖精的问题。 品尝红枣的味道，如果很甜并有后苦味，则不宜选购，可能用糖精泡过，对宝宝的健康有害。

如何安全选购

1 看颜色： 正常红枣的皮呈现深红色，而大枣是紫红色的。

2 看大小： 选择红枣不是个头越大越好，要看红枣的饱满程度，如果红枣很大，但是干瘪，则不宜选购。

3 尝果肉： 果肉的颜色呈淡黄色，细致紧实，口感甜糯，则是好枣。如果口感有点苦涩，而且感觉粗糙不细腻，则不是好枣，不宜选购。

如何安全清洗与烹饪

取一干净的盆，放入适量温水，加入少许面粉或食盐，将红枣放进去浸泡20分钟左右，再轻轻搅洗一下，最后将红枣捞出再用清水冲洗一下就可以。

红枣中的膳食纤维虽然能够缓解便秘，但红枣性温，若有上火引起的便秘症状时应尽量少吃。拿红枣煮粥或者煮汤时，最好先去核再切成末，这样可以避免宝宝误吞导致危险的发生。

营养师推荐宝宝餐

红枣枸杞米糊

原料

米碎50克，红枣20克，枸杞10克

做法

1.将红枣洗净去核后切丁；米碎加清水浸泡2小时；枸杞洗净用清水泡发。
2.将红枣、枸杞、米碎一起放入搅拌机中，加入适量清水打成糊状。
3.将打好的混合米糊放入汤锅中煮开即可。

【温馨提示】

枸杞性温热，有感冒发烧、炎症、腹泻症状的宝宝最好不要食用。

鸡蛋

营养成分
蛋白质、脂肪、磷脂、维生素A等。

食用建议
宜与干贝、百合、苦瓜、玉米、牡蛎、菠菜同食;鸡蛋胆固醇含量高,宝宝不宜多吃,每日1个即可。

妈妈关心的食物安全问题

杂菌的问题。 必须给宝宝吃煮熟的鸡蛋,不能生吃,打蛋时也必须提防沾染到蛋壳上的杂菌。生鸡蛋中带有沙门氏菌,摄入体内是非常危险的,很容易造成食物中毒。急性食物中毒一般表现为肠胃炎症状,如腹泻、腹痛、发烧等,严重时可能给身体造成不可逆的影响。

如何安全选购

1 看蛋壳: 看蛋壳是否干净、完整,无破碎的痕迹和发霉的污点。若蛋壳表面特别光滑,则可能存放了很长时间。

2 摇鸡蛋: 挑选鸡蛋的时候可以轻轻摇一下,新鲜的鸡蛋音实而且无晃动感,存放时间长的鸡蛋摇动时会听到水声。

3 照气室: 鸡蛋存放越久气室越大。购买的时候可以将鸡蛋对着光照一照,看看有没有气室,一般气室很大的就不是新鲜鸡蛋。

4 掂分量: 同样大小的鸡蛋,更重的一般更新鲜。

如何安全清洗与烹饪

鸡蛋烹调温度达到 70~80 ℃中心温度的时候才可以杀灭沙门氏菌,当蛋黄凝结的时候说明已经接近这个温度,而溏心鸡蛋的中心温度并没有达到这个温度,可能会有沙门氏菌残留,给人体带来中毒的威胁,所以不建议妈妈给宝宝吃溏心鸡蛋。

磨牙芝麻棒

原料

鸡蛋2个,低筋面粉250克,香蕉1根,黑芝麻适量,核桃油10毫升

做法

1.将鸡蛋、核桃油混合搅拌均匀;香蕉弄成泥。
2.在鸡蛋核桃油中筛入面粉,再加入香蕉泥、黑芝麻,搅拌揉捏至面团不粘手后,饧半小时。
3.将面团揉成0.5厘米的厚度,切成宽1厘米、长随意的小段。捏着两头,扭一扭。
4.放入烤箱,烤箱温度为180℃,烤20分钟,烤至表面上色即可。

【温馨提示】

适合8个月以上已长牙齿的宝宝食用。

忌吃食物要谨记

蜂蜜

蜂蜜能够增强肠道蠕动并缩短排便时间,但宝宝由于年纪太小,胃肠功能还未健全,食用蜂蜜后很容易引起腹泻。另外,蜜蜂在采花粉酿蜜的过程中,有可能会把被污染的花粉和毒素带回蜂箱。宝宝的肠道抗病能力差,很容易被感染而引起食物中毒。因此,1岁以内的宝宝应禁食蜂蜜,1岁以上的宝宝也应少食蜂蜜。

醋

醋是有刺激性的酸性物质,对肠胃有一定的刺激作用。宝宝的胃肠道等消化系统发育还不够完善,受到刺激后很容易出现腹泻等不良症状。另外,酸性物质会损伤牙齿,食用过多会增加宝宝日后牙齿易于酸痛的隐患。因此,1岁以内的宝宝最好不要食用醋,1岁以后食用时也应用水稀释。

辣椒

宝宝的消化器官还没有发育成熟,对于辛辣食物的耐受性差,而辣椒属于大辛大热之物,食用后会影响宝宝的正常生理功能。因为辣椒中含有的辣椒素很容易消耗肠道水分而使胃腺体分泌减少,引起胃痛、肠道干燥、痔疮、便秘等症状。另外,辣椒中还含有麻木神经的物质,食用过多会对宝宝的神经造成影响。因此,1岁以内的宝宝最好不要食用辣椒,1岁以后的宝宝可以适量食用一些不辣的灯笼椒。

菠菜

很多人认为，菠菜中含铁量高，多吃菠菜可以避免宝宝出现缺铁性贫血，有助于宝宝的生长发育。其实，菠菜中铁的含量虽然较高，但实际能被人体吸收的很少，对宝宝补充铁剂、促进造血并没有太大的用处。相反，由于菠菜中含有大量的草酸，而草酸进入人体后，遇到肠胃中的钙质会凝固成不易溶解和吸收的草酸钙，影响宝宝对钙质的吸收，而宝宝的骨骼和牙齿的生长发育都离不开大量的钙质。因此，宝宝1岁以前不宜食用太多的菠菜。

肥肉

过多地摄入脂肪会导致宝宝体内脂肪过剩，使血液中的胆固醇与三酰甘油含量增多，从而引发心血管疾病，导致肥胖症。而且，肥肉中的脂肪多为饱和脂肪酸，不仅胆固醇含量高，而且消化率低，在胃内滞留的时间又长，食用后易产生饱腹感，从而影响宝宝的进食量。此外，高脂肪的饮食还会影响宝宝对钙的吸收。因此，不建议1岁以内的宝宝食用肥肉，1岁以后的宝宝也不宜多吃。

牛奶

1岁以内的宝宝不宜喝牛奶，因为宝宝的胃肠道、肾脏等器官发育尚不成熟，而牛奶中的蛋白质、矿物质等成分含量较高，不仅会加重宝宝肝、肾脏的负担，导致宝宝出现慢性脱水、大便干燥、上火等症状，还会影响宝宝对其他营养成分的吸收。另外，牛奶中的脂肪主要是动物性饱和脂肪，这种脂肪会刺激宝宝的肠道，使肠道发生慢性隐性失血。1岁以内的宝宝要禁食牛奶，最好1岁以后再喝。

第六章

1~1.5岁：让宝宝爱上吃饭，不再挑食

宝宝1岁以后，饮食中辅食的比例应当越来越大，其总体的营养需求也高于婴儿时期，既要有主食，也要有菜肴，同时要把主食、菜肴分盘摆放，有利于宝宝养成好的饮食习惯，同时锻炼动手能力。这一时期，宝宝逐渐形成自己的主观味觉，开始出现挑食、偏食的问题，为此，爸爸妈妈们要加以正确引导哦！

宝宝的成长与变化

在宝宝将要1周岁时,和前期相比,发育速度变缓,但身高和体重都快速增长,体重平均为11千克,身高平均为80多厘米。脑重量增加,开始萌生思维活动,学习能力大大增强。手脚变得灵活,喜欢抓东西,学会走路,喜欢模仿身边的人和动物。语言理解和表达能力有很大的进步,能听懂和表达一些简单的词。

1～1.5岁宝宝的营养需求

1岁的宝宝已经进入了幼儿期,身体机能各方面的发育速度渐渐迟缓下来,对营养的需求也降低了不少,所以宝宝饭量的增加应当逐渐趋于缓慢。因为宝宝的乳牙还在不断萌出,骨骼的发育也需要大量的钙,所以应当适量增加对钙的摄取,同时为了预防软骨病和佝偻病的发生,还应适当增加维生素D的摄取。食谱安排应当以谷物类食物为主,配合牛奶、瘦肉、鱼虾、禽蛋类等,并且搭配瓜果蔬菜同时食用,以满足宝宝对各种营养元素的需求。

丰富菜肴颜色

从此时开始，宝宝要逐渐培养良好的饮食习惯，以便适应日后的成人饮食，因此家长们不要过多干涉宝宝们的饮食，而是要保护宝宝先天的食物选择能力。

给宝宝做菜时，蔬菜要切得细一些；炒菜时尽量做到热锅凉油，避免烹调时油温过高，产生致癌物质；尽量多用清蒸、红烧和煲炖等方法，少用煎、烤等方法；口味要清淡，不宜添加酸、辣、麻等刺激性的调味品，也不宜放味精、色素和糖精等。烧烤、火锅、腌渍、辛辣等刺激性食物不要给宝宝喂食，最好选择蔬菜、鱼肉和低盐少油的清淡饮食。

在色、香、味、形方面都要有新意，充分调动宝宝的好奇心，促进食欲，增加进食乐趣，让他们感受到吃饭是一种乐趣，是一种享受。

正确应对宝宝饮食上火

宝宝上火一般都是由于吃得过多所导致的胃火,或是饮食不消化导致积食上火,也可能是由于宝宝吃多了热性食物,饮食不合理而上火。宝宝饮食上火一般会出现以下几种症状。

1 大便干燥:当宝宝从辅食中摄入的膳食纤维不足时,会导致宝宝的大便干燥干结,量少,排便困难,甚至几天才排便一次。长期排便不畅,会导致宝宝抗拒排便。

2 小便发黄:宝宝上火的时候,小便的颜色会比正常时黄一些,而且量变少,其实这是体内缺少水分的体现。

3 口舌生疮:上火会引起口舌生疮,让宝宝感觉疼痛不适,不愿意喝水,烦躁不安,容易哭闹。

4 眼屎增多:宝宝上火时会出现眼睛分泌物增多的情况,例如早上起床可见宝宝眼角有眼屎,有时会粘住眼睑,这也是上火的症状之一。

5 有口臭:口臭是宝宝上火时身体所发出的一种警示信号,如果闻到宝宝口中呼出不良口气,要注意观察宝宝是否因为饮食不当上火了。

6 睡觉不安:宝宝晚上睡觉的时候睡不安稳、经常哭闹、烦躁、容易惊醒、身子不停翻动、磨牙等,如果不是因为其他病症所致,可能是由维生素D缺乏所引起的。

宝宝上火时,妈妈应该适当地为宝宝调整饮食,宝宝的辅食要以清凉降火为主,可以多吃蔬菜,多喝水,附加一些滋润补养的食物调理宝宝身体,促进食欲。

营养师答疑

宝宝可以刷牙了吗

答案当然是肯定的。事实上，当宝宝第一颗乳牙萌出的时候，爸爸妈妈就需要用柔软的纱布蘸取温水给宝宝清洁口腔了；当宝宝1岁左右，或者萌出了4颗牙齿之后，就需要用幼儿专用牙刷给宝宝刷牙了。每天应给宝宝刷两次牙，牙刷要选择刷头1～2厘米长的，刷毛稍微硬一点的。等到宝宝适应后，也可以耐心地教导宝宝自己刷牙，以保证乳牙健康。

宝宝食欲减退怎么办

刚开始添加辅食时，宝宝会比较喜欢，可能短时间内会食欲大增，但之后一段时间食欲会突然减退，甚至连母乳或配方奶也不想吃。对于这种情况，排除疾病和偏食因素后，就应该尊重宝宝的意见。

食欲减退与厌食不一样，可能是暂时的现象，不足为奇。如果妈妈过于紧张而强迫宝宝吃，会加重宝宝的厌食心理，使食欲减退现象持续更长时间。如果宝宝真的出现了厌食现象，那妈妈就要找到宝宝不爱吃辅食的原因。

宝宝健康状况不佳时，如患感冒、腹泻、贫血、缺锌、急慢性或感染性疾病等，往往会大大影响宝宝的食欲。这种情况下，妈妈应该带宝宝及时就医，找到病因，对症治疗。

有时候宝宝会因为辅食的色、香、味不好而没有食欲，妈妈在制作宝宝辅食时需要多花一点心思，让宝宝的食物多样化，即使相同的食材也尽量多做些花样出来。

有些宝宝喜欢在正餐前吃高热量的零食，特别是饭前吃甜点，虽然量不大，但会造成血液中的血糖含量过高，没有饥饿感，所以到吃正餐的时候就会没有胃口，过后又以点心充饥，造成恶性循环。所以，不能给宝宝吃太多零食，尤其注意不能让宝宝养成饭前吃零食的习惯。

推荐给1~1.5岁宝宝的安全食物

菠菜

营养成分
含碳水化合物、维生素、铁、钾、胡萝卜素、叶酸等。

食用建议
宜与猪肝、胡萝卜、鸡蛋、花生同食;菠菜中草酸含量高,最好是焯水后食用。

妈妈关心的食物安全问题

菠菜在生长过程中,容易被过度添加氮肥。氮肥经过氧气氧化或其他物质转化会变成硝酸盐,会导致菠菜中含有大量的硝酸盐残留物。医学研究证明,硝酸盐经过新陈代谢会变成亚硝酸,亚硝酸会影响血红细胞抗氧化功能,使人易于疲劳。6个月以下的婴儿对亚硝酸尤为敏感,摄入过多可能导致窒息。

如何安全选购

1 看叶片:叶片充分伸展、肥厚,颜色深绿且有光泽。如果叶片变黄、变黑或者叶片上有黄斑的菠菜,最好不要选择。

2 看茎部:看菠菜的茎部是否有弯折的痕迹。如果有多处的弯折或者叶片开裂,说明放置时间过长,不宜选择。

3 看根部： 新鲜的菠菜根部呈现紫红色。若颜色变深、根部干枯，说明放置时间过长，不宜选择。

如何安全清洗与烹饪

先将菠菜的根部切掉，再将菠菜的叶子一片片摘取，并放入清水中浸泡5分钟左右，捞出，然后在水龙头下一片片地将叶子冲洗干净即可。

菠菜中含有较多的草酸，豆腐、虾皮、牛奶里含有较多的钙质，若同时进入人体，会生成不溶性的草酸钙。因此，菠菜与虾皮、豆腐等同时食用时，应先将菠菜焯水，将绝大部分草酸去除，然后再烹饪，就可以放心食用了。

营养师推荐宝宝餐

菠菜牛肉卷

原料

菠菜、牛里脊各100克，虾皮15克，春卷皮适量，姜末、盐、橄榄油各少许

做法

1. 将菠菜洗净，入沸水焯一下，挤干水分，切末备用；虾皮洗净，切碎。
2. 牛里脊洗净，剁成肉馅，与菠菜、虾皮、盐、姜末拌匀做馅。
3. 取适量牛肉馅包入春卷皮中，制成春卷。
4. 锅烧热放适量橄榄油，将春卷放入，以中小火炸至表面呈现金黄色即可捞出。

【温馨提示】

一定要控制好火候，不可大火煎炸，以免出现焦黄现象。

油菜

营养成分
碳水化合物、维生素、钙、磷、铁、B族维生素、维生素C等。

食用建议
宜与黑木耳、豆腐、蘑菇同食;油菜的含钙量可以与牛奶相媲美,可以经常吃点油菜。

妈妈关心的食物安全问题

油菜的安全问题和大多数蔬菜一样,主要是农药残留的问题,妈妈们可以在大型超市选购经相关机构检测达标的蔬菜,或者是有机蔬菜。买回来的蔬菜要做好清洗工作。

如何安全选购

1 看叶子: 选择油菜时一般选叶子较短的,食用口感较好。

2 看外表: 选择外表油亮、没有虫眼和黄叶的,较为新鲜。

3 看颜色: 油菜叶有深绿色的和浅绿色的,浅绿色的质量和口感要好一些;油菜的梗有青色的和白色的,白梗味道较淡,青梗味道较浓。

4 用手掐: 用手轻轻掐一下油菜的梗,如果一掐容易折断,即为新鲜较嫩的油菜。

如何安全清洗与烹饪

购买回的油菜应该尽快吃掉，不宜存放太久，以保持其新鲜度。长时间存放后由于细菌和酶的作用，容易产生有害物质。

在清洗时注意反复清洗，避免农药残留所带来的危害；烹调时宜选用急火快炒的方式，这样可减少营养的流失。

油菜粥

原料
大米50克，油菜40克

做法
1.将油菜洗干净，放入开水锅内煮软，切碎备用。
2.大米洗净，用水泡1个小时，放入锅内，煮40分钟左右，停火前加入切碎的油菜，再煮10分钟即成。

【温馨提示】
油菜性偏寒，脾胃虚寒、大便溏泄的宝宝不宜多食。

茄子

营养成分
维生素A、B族维生素、维生素C、维生素P、脂肪、糖类以及矿物质等。

食用建议
宜与猪肉、黄豆、牛肉、羊肉、苦瓜同食；茄子吸油率高，烹调时注意食用油的添加量。

妈妈关心的食物安全问题

茄子切开后为什么会变黑？通常情况下，茄子切开后是白色或淡黄色，但暴露在空气中一会儿就会变黑，有人认为这是"毒素"在作怪，其实是因为茄子中含有一类"酚氧化酶"的物质，遇氧后会发生化学反应，产生一些有色物质。

大家常说的"毒素"其实是一种名为"茄碱"的物质，正常情况下摄入茄子的量远远达不到中毒所需要的量，所以妈妈们大可放心。

如何安全选购

1 看颜色：新鲜的茄子外皮应呈紫红色或者黑紫色，色泽度较好。如果颜色较暗淡，出现褐色斑点，说明茄子较老或即将坏掉。

2 看花萼：花萼与果实相连接处，有一条白色略带淡绿色的条状环，这个环越大越明显，说明茄子越嫩，口感越好。

3 看外观：品质较好的茄子粗细均匀，没有斑点、裂口及外伤，如果遇到茄子皮有褶皱或弹性较差的，不宜购买。

4 触手感：新鲜的茄子软硬适中，较有弹性；新鲜度差或者放置时间过久的茄子皮质松软，没有弹性。

如何安全清洗与烹饪

将茄子放入盛有清水的盆中，加适量的食盐，浸泡10分钟，再用手将茄子在水中继续搓洗一下，去蒂，可选择去皮或不去皮，最后用清水冲洗干净，沥干水分即可。

茄子很容易吸油，在烹饪的时候如果担心茄子吸油而导致宝宝油脂摄入过量，可以先将茄子放在蒸锅里蒸一下，之后再炒、炖，蒸过的茄子吸油量较少；也可以将茄子直接放在锅里用小火炒一下，等到茄子的水分被炒干，再放油进去，这样茄子的吸油量也比较少。

营养师推荐宝宝餐

炒三丁

原料

鸡胸肉50克，茄子50克，豆腐1块，水淀粉、食用油各适量

做法

1.将鸡胸肉洗净切丁，用水淀粉抓匀；茄子、豆腐均洗净，切丁。
2.炒锅内加入食用油，油热后先将鸡肉丁炒熟，然后加入茄子丁、豆腐丁翻炒片刻。
3.加少许水焖透，起锅即可。

【温馨提示】

做茄子时只要不用大火油炸，降低烹调温度，减少吸油量，就可以保持茄子的营养价值。

苦瓜

营养成分
苦瓜皂苷、维生素C、粗纤维、胡萝卜素、钙、磷、铁等。

食用建议
宜与鸡蛋、猪肝、茄子、瘦肉、鸡肉同食；苦瓜性寒，宝宝不宜多吃。

妈妈关心的食物安全问题

在食品安全问题频出的今天，有这样的说法："吃到苦瓜籽要马上吐掉，因为里面含有黄曲霉毒素，毒性比砒霜还厉害。"黄曲霉毒素中毒症状为发热、腹痛、腹胀、呕吐以及食欲减退等。

虽然黄曲霉毒素是真菌代谢的产物，是致癌的毒素之一，但是大家不必对此极度恐慌。不管黄曲霉毒素的毒性有多强，偶尔吃到苦瓜籽或误吞的问题都不是很大，一是只有腐坏的苦瓜籽中才含有黄曲霉毒素，二是黄曲霉毒素导致人中毒，基本是以一次性摄入的量比较大或者长期误食为基础的。

如何安全选购

1 看表皮：苦瓜表皮凹凸不平的颗粒越大越饱满，纹路越清晰，说明苦瓜果肉越嫩、厚，苦味也较小。

2 挑外形：最好挑选类似于大米形状的苦瓜，两头尖，瓜身直，这样的苦瓜品质较好。

3 挑颜色： 新鲜苦瓜呈翠绿色，光泽度较好，如果表面颜色发黄，光泽度下降，表明苦瓜已经老了，瓜肉不脆。

4 挑重量： 在购买苦瓜时，过轻或者过重的都不是很好，过轻说明生长时间不够，过重说明生长周期过长。

如何安全清洗与烹饪

将苦瓜放入装有适量清水的盆里，加入少量的食盐搅匀，浸泡10～15分钟，然后用手轻轻搓洗苦瓜表面，再用流动水冲洗干净，沥干水分即可。

苦瓜中含大量的草酸，而草酸会妨碍人体对钙的吸收。因此，在给宝宝吃苦瓜之前最好先将苦瓜在沸水中烫一下，以去除大部分草酸。食用钙制品或其他含钙丰富的食物后，最好不要马上给宝宝食用苦瓜，以免影响钙吸收。

营养师推荐宝宝餐

苦瓜粥

原料
苦瓜20克，大米50克

做法
1. 将苦瓜洗净后切成小块；大米洗净，浸泡1小时。
2. 将大米加水煮沸，放入苦瓜，煮至米烂汤稠即可。

【温馨提示】
苦瓜性凉，多食易伤脾胃，所以脾胃虚弱的宝宝要少吃苦瓜。

丝瓜

营养成分
蛋白质、维生素B_1、维生素C、矿物质、皂苷、植物黏液、木糖胶等。

食用建议
宜与毛豆、鸡肉、鱼、鸡蛋、虾、香菇同食;丝瓜有润燥作用,尤其适合秋季食用。

妈妈关心的食物安全问题

建议在购买丝瓜时要根据食用量的多少,少量多次购买,避免长时间存放。当储存过久或者储存条件不佳时,丝瓜会发生腐败变质的现象,这时会集聚糖苷生物碱这一物质,食用后会导致头晕、恶心、腹痛和腹泻等食物中毒症状。

如何安全选购

1 挑形状: 要挑选外形均匀的丝瓜,一头或两头局部肿大的尽量不要选购。

2 看表皮: 看丝瓜表皮有无腐烂和破损,新鲜的丝瓜一般都带有黄花,尽量选择这一类的丝瓜。

3 观纹理：观察丝瓜的纹理，新鲜较嫩的丝瓜纹理细小均匀。如果纹理明显且较粗，说明生长周期较长，丝瓜较老。

4 看蒂部：新鲜的丝瓜蒂部结实水分充足，较为直挺。而放置时间较长的丝瓜则根部水分丧失，蒂部黄花已经脱落。

如何安全清洗与烹饪

将丝瓜放入淡盐水中浸泡15分钟左右，用手轻轻搓洗丝瓜，再用刮皮刀刮去表皮，将去皮后的丝瓜放在流动水下冲洗，沥干水分即可。

丝瓜可以煮汤、清炒，烹饪前一定要先将皮去干净，这样吃起来才不会影响口感。丝瓜本身便有一种清甜的口感，不需要添加味精、鸡粉等调味料，只要将丝瓜煮得软软的，宝宝们大多都会爱上。

营养师推荐宝宝餐

丝瓜粥

原料

丝瓜50克，大米40克，虾皮适量

做法

1. 丝瓜洗净，切成小块；大米洗好，用水浸泡30分钟，备用。
2. 将大米倒入锅中，加水煮成粥。
3. 将熟时，加入丝瓜块和虾皮同煮，烧沸入味即可。

【温馨提示】

用冬瓜来煮粥与丝瓜粥一样清甜可口，西葫芦也是不错的选择。

猪肉

营养成分
蛋白质、脂肪、碳水化合物、磷、钙、铁、维生素等。

食用建议
宜与红薯、萝卜、白菜、莴笋、黑木耳、香菇同食。

妈妈关心的食物安全问题

长期食用含有激素残留物的猪肉，会造成内分泌失调。倘若还含有瘦肉精残留物，则会引发头晕等症状，甚至破坏神经系统。

不要一味追求食品的外观，比如肉食要选择颜色和香味正的，不要选择颜色过于鲜艳、香味过于浓郁的。

如何安全选购

1 看颜色：新鲜猪肉肉质紧致，富有弹性，皮薄，膘肥嫩、色雪白，且有光泽。瘦肉部分呈淡红色，有光泽。不新鲜的肉无光泽，肉色暗红，切面呈绿、灰色。死猪肉一般放血不彻底，外观呈暗红色，肌肉间毛细血管中有紫色瘀血。

2 闻气味：新鲜猪肉的气味较纯正，无腥臭味；而不好的猪肉闻起来有难闻的气味，已腐坏的有臭味，不可购买、食用。

3 摸手感：用手触摸肉的表面。以表面微干或略显湿润、不黏手者为好肉；而肉质松软、无弹性、黏手的则是劣质肉。

如何安全清洗与烹饪

买回来的猪肉不要直接在水龙头下冲洗，这样不但无法清洗掉上面的细菌，还会由于水花四溅，而使细菌可能会污染到厨房水槽、料理台、砧板、菜刀。将买回来的生肉放进装有温水或淘米水的盆里，浸泡10～15分钟后再清洗，然后再用厨房纸巾轻轻吸干即可。

猪肉是人们餐桌上的常见肉食，烹饪方法多种多样，煲汤、清炒、蒸煮、煎炸等均可，不过给宝宝烹饪猪肉时，建议多选择瘦肉，且不宜用煎炸的方式。

营养师推荐宝宝餐

肉末软饭

原料
猪肉20克，熟米饭1碗，油菜、食用油各少许

做法
1.将猪肉洗净后切成末；油菜洗净后切成末，待用。
2.炒锅内放入食用油，油热后放入肉末煸炒至熟。
3.加入熟米饭炒匀，再加入油菜末翻炒数分钟，起锅即可给宝宝食用。

【温馨提示】
炒米饭时，可加适量清水，以避免米饭炒得过干或过硬的情况出现。

猪肝

营养成分
蛋白质、脂肪、维生素A、B族维生素以及微量元素等。

食用建议
宜与苦菜、菠菜、腐竹、白菜、韭菜同食；猪肝胆固醇含量高，不宜多吃。

妈妈关心的食物安全问题

猪肝是猪体内的解毒器官，饲料中的有毒物质及有毒的代谢产物等都会进入肝脏中进行分解、排出，因此猪肝的营养价值虽高，但一定要注意将猪肝中的毒素清除干净，同时也要控制食用量，给宝宝食用猪肝一天不能超过25克，且不能连续两天食用，一般一周食用一次即可。

如何安全选购

1 看颜色：优质猪肝呈深褐色，劣质猪肝颜色发红，甚至发紫。如果猪肝的边缘发黑，则表明放置时间较长，不宜购买。

2 感质地：用手指稍微用力去戳猪肝，柔软易动，甚至可能捅个小口，这样的猪肝则是质量较好。

3 看价位：便宜的猪肝质量较难保证，应选择通过检疫的禽畜的肝脏，病死或死因不明的禽畜肝脏一律不能食用。

必须反复用流动水将猪肝彻底清洗干净，以防毒素、杂质残留，而且肝脏在烹调之前必须浸泡一段时间，使其毒素彻底清除。

烹调时必须将猪肝煮熟透，对于肝脏要"宁烂勿生"，因为没有熟透的肝脏很容易引发食物中毒，烹调方法建议用炖或者焖煮。此外，肝脏中的胆固醇含量很高，因此不能过量食用。

蔬菜猪肝汤

原料

猪肝30克，胡萝卜、西红柿各20克，青菜2棵，盐少许

做法

1.将猪肝洗干净去膜，分成数块，用清水浸泡1小时后切成小粒，待用。
2.将胡萝卜洗净，去皮擦丝；西红柿烫去外皮切成丁；青菜择洗干净切碎。
3.锅中放入适量清水烧开，然后放入猪肝、胡萝卜煮熟，加西红柿和青菜再煮5分钟，撒盐调味即可。

【温馨提示】

给宝宝喂食猪肝要适量。

鸡肝

营养成分
蛋白质、钙、磷、铁、锌、维生素A、B族维生素。

食用建议
宜与大米、丝瓜同食。

妈妈关心的食物安全问题

鸡肝和猪肝一样,同样是动物体内的解毒器官,因此,它们最大的安全问题便是毒素残留,因此一定要注意清洗干净。

此外,鸡肝虽然可以补充婴幼儿体内所需的维生素A,但是其胆固醇含量也相对较高,过量食用容易导致体内胆固醇超标。因此,长期吃鸡肝容易引起肥胖,同时也会增加婴幼儿长大后患糖尿病、胰腺炎、心血管疾病的风险。建议每周给宝宝吃1~2次即可。

如何安全选购

1 闻气味:新鲜的鸡肝闻起来是一种比较香的味道,如果闻到腥臭味很可能是已经变质的鸡肝。

2 看外形:用手去戳鸡肝,新鲜的鸡肝充满弹性,而放置较久的鸡肝则会比较干燥,缺少水分。

3 看颜色：新鲜的鸡肝有淡红色、土黄色、灰色，而不新鲜的或者酱腌过的鸡肝则呈黑色。若鸡肝的颜色过于鲜艳，呈鲜红色，则可能是商贩加了色素以此来吸引顾客，不宜购买。

如何安全清洗与烹饪

将鸡肝用水反复冲洗几次，然后放入装有清水的盆中，浸泡30分钟左右，待毒素完全清除后，再用清水冲洗干净方可进行烹饪。

鸡肝的体积较小，口感细腻，有多种烹饪方法，如炒、煎、炸、煮等。肝类都有其特殊的味道，如果宝宝由于鸡肝的异味而不喜欢吃，妈妈们可以多清洗几次，等宝宝长大后，可以尝试多几种烹饪方式或搭配其他的食物烹饪，以减轻鸡肝的异味。

营养师推荐宝宝餐

鸡肝蒸肉饼

原料
里脊肉30克，鸡肝1只，嫩豆腐1/3块，鸡蛋1个，生抽、盐、白砂糖、淀粉各适量

做法
1. 将豆腐放入滚水中煮2分钟，捞起，压成蓉。
2. 将鸡肝、里脊肉洗净，抹干水后剁成末。
3. 里脊肉、鸡肝、豆腐同盛大碗内，加入鸡蛋白拌匀，加入适量生抽、盐、白砂糖、淀粉拌匀，放在碟上，做成圆饼形，蒸7分钟至熟即可。

【温馨提示】
用不完的鸡肝可以用保鲜盒装好，放入冰箱冷冻室速冻，留待下一次使用。

忌吃食物要谨记

竹笋

新鲜竹笋中含有大量在人体内难以溶解的草酸，草酸会在胃肠道中与其他食物中的钙质结合，生成草酸钙，过量食用竹笋对宝宝的泌尿系统和肾脏不利。宝宝身体各脏器还未发育完善，骨骼和牙齿的发育都需要大量的钙，大脑发育需要适量的锌，而竹笋中的草酸会影响人体对钙、锌的吸收，2岁以前的宝宝如果食用过多，会导致缺钙、缺锌。因此，1岁前的宝宝最好不要食用竹笋，1岁以后的宝宝也不宜多吃。

咸菜

咸是百味之首，父母让宝宝吃些榨菜、腌菜等咸菜，其实对宝宝的健康是有害无益的。吃过咸的食物不仅容易引起多种疾病，还会损伤动脉血管，影响脑组织的血液供应量，导致记忆力下降、反应迟钝、智力降低。此外，过量的盐对宝宝尚未发育成熟的肾脏来说也是一种沉重的负担。因此，父母在给宝宝准备食物时，一定要少放盐，更不要给宝宝吃咸菜。

巧克力

巧克力含有大量的糖分和脂肪,而蛋白质、维生素、矿物质的含量低,营养成分的比例不符合宝宝生长发育的需要。饭前进食巧克力易产生饱腹感,进而影响宝宝的食欲,使正常的进餐习惯被打乱,影响宝宝的身体健康。巧克力中过量的糖会干扰血液中葡萄糖的浓度,对神经系统产生刺激作用,会使宝宝不易入睡和哭闹不安,影响宝宝大脑的正常休息。也容易导致营养过剩,甚至出现肥胖症,因此宝宝应该少吃或不吃巧克力。

饮料

无论是可乐、果茶,还是配制型果汁、乳酸饮料,都会刺激宝宝的胃,特别是乳酸饮料,经常喝还会使宝宝的乳牙受到伤害。而咖啡、可乐等饮料中的咖啡因会影响宝宝大脑的发育。饮料中含有大量的糖分、合成色素、防腐剂及香精等成分,这些物质进入宝宝体内,会加重宝宝肝肾的负担。因此,1岁以前的宝宝应禁饮所有的饮料,1~3岁的宝宝可以饮用自制的兑水果汁。

浓茶

茶中含有咖啡因、鞣酸、茶碱等成分。咖啡因是一种很强的兴奋剂,会刺激宝宝的神经系统,诱发宝宝出现多动症;鞣酸会干扰人体对食物中蛋白质以及钙、铁、锌等矿物质的吸收,导致宝宝缺乏蛋白质和矿物质,进而影响其正常的生长发育;茶碱能使宝宝的中枢神经系统过度兴奋,会导致宝宝不易入睡,造成宝宝多尿、睡眠不安,影响宝宝大脑的休息,进而阻碍宝宝的智力发育。

第七章

1.5~2岁：食物多样化，促进宝宝的成长发育

这个年龄段的宝宝可以食用的食物种类越来越多，关于宝宝食品安全的知识也越来越重要，爸爸妈妈们在食物的选购、清洗、烹饪以及营养搭配上都要下一些工夫，让宝宝吃得好吃得对，才能吃出健康强壮好身体。

宝宝的成长与变化

满2岁时，男孩的体重平均为12.6千克，身高平均为87.6厘米；女孩的体重平均为11.9千克，身高平均为86.5厘米。

宝宝的头部生长也会变慢，一年内头围有可能只增加2.5厘米，但到2岁时，他的头围将达到他成年时的90%。脸变得比以前更有棱角，下巴也显露了出来。2岁的宝宝走路稳稳当当，不会那么容易摔跟头了，也能够自由表达自己的意愿，能记住自己感兴趣的事情，手眼协调能力也开始发展，出现独立做事的倾向。

1.5~2岁宝宝的营养需求

1.5到2岁的宝宝，进餐时间几乎和成人一致，而三餐之间可加餐。每天进食食物的种类宜保持在15至20种之间。具体是蔬菜3~5种，谷物3~5种，肉1~2种，水果2~3种，奶1种，水产品1~2种。

这个阶段，在三餐之间给宝宝加餐是非常有必要的，因为加餐往往在给宝宝补充营养和能量的同时，还会带来美好的进餐体验。加餐最适宜挑选一些宝宝爱吃的面点和水果，而且选在每天的固定时间，以不影响宝宝正餐为原则。不能无规律或是频繁地给宝宝加餐，以免反而导致宝宝食欲缺乏。

宝宝的进食量与活动量与是否处于生长高峰有关，1~2岁期间，宝宝的体重增加最好控制在1~3千克之间，如果增长太快，这时候妈妈就要特别关注宝宝的体重变化了。要是宝宝摄入了过多的热量，体重增长过快，不利于后面的发育生长，而且会造成宝宝过胖或者性早熟等不良症状。

营养过剩

随着生活水平的提高,宝宝营养过剩的现象也越来越普遍。这不仅影响宝宝的大脑发育,还会威胁宝宝的身体健康。营养过剩的宝宝,最明显的表现为体型肥胖,这是因为宝宝的能量摄取超过了生长发育的需要,体内剩余的能量转化为脂肪堆积在体内所造成的。

营养过剩的表现

当宝宝的体重超出标准体重的10%为超重,超出20%为肥胖,超出40%为过度肥胖。爸爸妈妈可以用下面的公式测量判断宝宝的体重是否正常。

出生后1～6个月:体重(千克)=出生体重+月龄×0.6

出生后7～12个月:体重(千克)=出生体重+月龄×0.5

出生后13～36个月:体重(千克)=年龄×2+8

导致营养过剩的原因

主要分为两大类。一类是由于喂养不当所导致的宝宝肥胖，如用过多、过浓的配方奶粉代替母乳喂养；辅食添加不合理，养成宝宝不喜欢吃蔬菜，而偏爱高脂、高糖食物的不良饮食习惯；喂养过于随意，未遵循定时定量、循序喂养的原则。

另一类是营养物质补充不当所导致的宝宝肥胖。有些宝宝的体型较为瘦弱，父母会为他们额外补充营养，以免因为营养不良、能量不足而影响生长发育。在补充营养时，一不注意就会造成宝宝维生素、矿物质过剩，相较于肥胖而言，这类型的营养过剩对宝宝的危害更大。例如，补钙过度易患低血压，并增加宝宝日后患心脏病的风险；补锌过度会造成中毒，同时锌还会抑制铁的吸收和利用，造成宝宝缺铁性贫血；食用鱼肝油过多易导致维生素A、维生素D中毒，宝宝会出现厌食、表情淡漠、皮肤干燥等多种症状。

预防宝宝营养过剩

预防宝宝营养过剩和单纯性肥胖的主要方法是控制饮食并增加运动量。控制饮食可以使吸收和消耗均衡，减少体内脂肪堆积；增加运动量可以增加皮下脂肪的消耗，使肥胖逐渐减轻，还能增强宝宝体质。

预防营养物质过剩，一方面，爸爸妈妈必须要知道，体型瘦弱不一定是营养不良，爸爸妈妈如果想要改善宝宝的体型，需要做的是调整宝宝的饮食结构，培养宝宝良好的饮食习惯；另一方面，除非有明确的营养素缺乏，经医生确诊，才可为宝宝专门配备补充的营养素，若贸然为宝宝补充营养，非但不必要，还有可能对宝宝的健康造成威胁。每个孩子的个体差异很大，有各自的生长轨迹，只要孩子在正常范围内生长，生长速度正常，就不必额外补充。

营养不良

营养不良的表现

宝宝营养不良的表现为体重减轻，皮下脂肪减少、变薄。一般情况下，腹部皮下脂肪先减少，继而是躯干、臀部、四肢，最后是两颊脂肪消失而使宝宝看起来似老人，皮肤则干燥、苍白、松弛，肌肉发育不良，肌张力低。轻者常烦躁哭闹，重者反应迟钝，消化功能紊乱，可出现便秘或腹泻。

导致营养不良的原因

宝宝营养不良是由于营养供应不足、不合理喂养、不良饮食习惯及精神、心理等因素所致。此外，因食物吸收利用障碍等引起的慢性疾病也会引起婴儿营养不良。

预防宝宝营养不良

一般情况下，宝宝每日每餐的进食量都是比较均等的，但也可能出现某日或某餐进食量减少的现象。宝宝的食欲可受多种因素（如温度变化、环境变化、接触不熟悉的人及体内消化和排泄状况的改变等）的影响。短暂的食欲缺乏不是病兆，如连续2~3天食量减少或拒食，并出现便秘、手心发热、口唇发干、呼吸变促、精神不振、哭闹等现象，应及时去医院做检查治疗。

宝宝的头发为什么会发黄

导致宝宝的头发发黄的原因是多样的，可能与宝宝本身发质有关，也有可能与遗传因素有关，还有可能是以下原因所致：

1. 缺乏蛋白质：头发中的氨基酸减少。
2. 缺铁：缺铁会引起贫血，导致头发发黄。
3. 缺锌：头发变得又枯又黄。
4. 缺乏维生素：头发缺少光泽。
5. 患有苯丙酮尿症：头发呈红黄色。

妈妈如果发现宝宝的头发有变黄现象，可以从以下几个方面改善：

首先可以调整膳食结构，即让食物多样化，多补充维生素，适量多吃些水果、蔬菜。其次，妈妈可以带宝宝去医院检查一下微量元素，缺什么补什么。需要注意的是，如果宝宝同时缺乏多种元素，需要服用营养补充剂时，最好是分开服用，以免互争受体，影响吸收，例如补钙和补铁时间最好隔开几个小时。同时要配合食补，适量地让宝宝多喝乳制品，多吃一些牛肉、猪肉、猪肝和鸡肝等。

吃很多，体重却没有增加

宝宝处在新陈代谢比较旺盛的时期，一般来说，身体的发育应该是快速的、明显的。但很多妈妈都会存在这样的困惑：宝宝为什么吃得不少，但长得不胖？

我们普遍认为宝宝吃得多就会长得胖，这是有一定道理的。宝宝吃得多体重却没有增加有以下几方面原因：

宝宝过于好动

有些宝宝本来就太活跃，如果再加上运动量过多的话，摄入的营养素消耗过多，满足不了身体的需求，就会影响到正常的发育。

宝宝的肠道内有寄生虫

宝宝的肠道内有寄生虫的话，会将所摄入的营养物质消耗掉，使机体处于饥饿状态，不仅怎么吃都吃不胖，还可能会日渐消瘦。

消化系统功能低下

宝宝的消化系统对食物的消化和吸收能力过差，也同样会导致宝宝怎么吃都吃不胖，因为食物的营养成分根本没有完全被人体吸收利用。

摄入的食物质量不好

这是食物本身的原因，所含营养素成分不足，蛋白质和脂肪含量低，如果宝宝长期食用这一类食物的话，体重也很难增长，很有可能影响发育。

妈妈如果发现宝宝存在吃得多而体重没有增加的情况，不要过于焦虑或担心，只要耐心观察，然后从以下几方面进行改善即可。

首先最根本的是合理安排膳食结构，不允许宝宝偏食，或直接不吃某一类食物，吃的种类越多越好，要选择营养含量较高的。其次是减少零食摄入，因为宝宝一旦吃太多零食的话，就会影响正餐的食欲，在进餐前一小时不建议让宝宝吃零食，其他时间也不能过多摄入零食。最后就是带宝宝看医生，检查肠胃功能是否正常，肠道内是否有寄生虫，以及为宝宝营造一个愉快、温馨的进餐环境，这样也有利于宝宝的消化和吸收。

推荐给1.5～2岁宝宝的安全食物

 糙米

营养成分
膳食纤维，B族维生素、维生素E、维生素K、钙、铁、磷等。

食用建议
宜与鱼肉、南瓜、胡萝卜、瘦肉同食；糙米膳食纤维含量高，不宜多吃。

妈妈关心的食物安全问题

糙米在运输、储藏过程中如果管理不当，容易受到黄曲霉毒素的污染，严重的会出现糙米变色、霉变的情况，购买时要选择检验达标、2个月内生产的糙米。

买回家后糙米由于储存不当，如不密封保存、高温放置、长期囤积等都易使糙米受到黄曲霉毒素的污染，同时使毒素随着空气扩散，因此，一旦发现霉变的糙米应立即丢弃，同时清理橱柜，避免交叉污染。

如何安全选购

1 看色泽：优质糙米的外表有光泽、色泽均匀，呈黄色。

2 闻味道：优质糙米有米的清香，没有其他异味。

3 试手感：优质糙米摸上去没有粉屑感，也不油腻，用力捏不易碎。

如何安全清洗与烹饪

糙米在清水中轻轻搅拌洗2~3次即可。

糙米的质地比大米硬，过多食用容易导致消化不良，粗粮细粮应合理搭配，建议将糙米与白米一起烹饪，确认充分熟软后再给宝宝食用。

营养师推荐宝宝餐

杂豆糙米粥

原料

水发糙米175克，水发绿豆100克，水发黑豆50克，水发红豆40克，水发花豆65克

做法

1. 砂锅中注入适量清水烧热，倒入洗净的糙米、绿豆、花豆、黑豆、红豆。
2. 盖上盖，烧开后用小火煮约45分钟，至食材熟烂。
3. 关火后盛出，稍稍冷却后食用即可。

【温馨提示】

原料中所指的"水发"均是指浸泡过的，谷类一般浸泡30分钟，豆类建议浸泡2小时以上。

黑米

营养成分
蛋白质、碳水化合物、B族维生素、维生素E、钙、磷、钾、镁、铁、锌等。

食用建议
宜与大米、生姜、红豆、绿豆同食；黑米加工度低，保留较多膳食纤维，宝宝肠胃娇嫩，不宜经常食用。

妈妈关心的食物安全问题

染色黑米是不良商家使用普通米经过染色等一系列工序加工制作而成的。因为黑米的价格比普通米的价格高，所以很多商家就投机取巧地制作假黑米，这种染色黑米对人体伤害很大，各位妈妈在购买时要注意鉴别：

取一把黑米，用水浸泡一会儿，然后将水倒入两个杯子中。其中之一加入白醋，如果颜色变红，则为真黑米，如果不变色则为染色黑米；另外一个加入小苏打，颜色变为暗蓝色，则为真黑米，不变色则为假黑米。

这是利用黑米中含有花青素，用花青素遇酸变红、遇碱变蓝的原理进行鉴别，此方法同样适用于黑豆、黑芝麻。

如何安全选购

1 看米心：将黑米咬成两半看米心，若米心是白色的，则是正常的黑米；如果米心是黑色的，则代表是经过染色的黑米，在浸染的过程中色素会渗透到米心当中去。

2 看光泽：正常生长的黑米是鲜亮有光泽的，而劣质染色的黑米是没有光泽、比较暗沉的。

3 看泡米水：正常黑米泡出来的水是紫红色的，稀释以后还是这种颜色；如果泡出来的颜色是像墨汁一样的黑色，就是染色的黑米。

如何安全清洗与烹饪

取一干净的盆，放入适量清水，将黑米放进去，用双手相互揉搓黑米，这样就可以除掉黑米表面的污渍，也能防止黑米结块，重复这个过程，清洗2~3次即可。

黑米比较难蒸熟，因此妈妈们可以选择浸泡30分钟后再蒸煮。如果时间比较赶，则可用开水去蒸煮黑米。

黑米小米豆浆

原料

水发黑米20克，水发小米20克，水发黄豆45克

做法

1.将已浸泡8小时的黄豆、小米、黑米倒入碗中，加入适量清水，用手搓洗干净。
2.将洗好的材料倒入滤网，沥干水分后倒入豆浆机中。
3.注入适量清水，打浆。
4.待豆浆机运转约20分钟，即成豆浆，把煮好的豆浆倒入滤网，滤取豆浆即可。

【温馨提示】

打豆浆时注入的清水不宜太多，至水位线即可。

黑豆

营养成分
黑豆含有丰富的蛋白质、维生素、锌、铜、镁、钼、硒、氟、花青素等。

食用建议
宜与牛奶、橙子、鲫鱼同食；黑豆与粮食类食物搭配食用可以提高蛋白质利用率。

妈妈关心的食物安全问题

黑豆泡水掉色是正常的，因为黑豆皮层含有花青素，这是一种遇酸、碱都会有明显颜色变化的物质。

正常情况下泡黑豆的水是紫红色的，稀释以后也是紫红色或偏红色的。如果泡出的水像墨汁一样，经稀释后还是黑色，可能是假黑豆。

在这里可以教大家两个鉴别真假黑豆的方法：往泡黑豆的水中加入白醋，如果颜色变红，则为真黑豆，如果不变色则为染色黑豆；另外也可以加入小苏打，颜色变为暗蓝色，则为真黑豆，不变色则为假黑豆。

如何安全选购

1 看外观：正常的黑豆表面会有一个小白点，如果黑豆是经过染色的，小白点也会全变成黑色。

2 看豆衣：黑豆的豆衣比较薄，将黑豆进行染色的话会渗透其中，剥开后就会发现豆衣内侧也变色。剥开豆衣如果里面是白色或者青色的，就是正常黑豆。

3 擦表皮：正常的黑豆用力在白纸上擦，不会掉色，而染色黑豆经摩擦就会在纸上留下痕迹。

如何安全清洗与烹饪

在清洗黑豆的时候如果把表皮搓破，就会降低它的营养价值，因此很多人为了贪图方便，经常随便冲洗一下就算了，其实这样并不能很好地将附在黑豆表面的残留农药、微生物等物质洗掉，应该将黑豆在水龙头下不停地用清水冲洗，流动的水可避免农药渗入黑豆中。

洗净的黑豆放入清水中浸泡，煮汤或焖饭时可以将浸泡之水一起煮，减少营养成分的流失。如果要将黑豆打成豆浆，注意不要过长时间浸泡。

营养师推荐宝宝餐

黑豆百合豆浆

原料
鲜百合8克，水发黑豆50克，冰糖适量

做法
1. 将已浸泡8小时的黑豆倒入碗中，注入适量清水，用手搓洗干净，沥干。
2. 将洗好的百合、黑豆倒入豆浆机中，加入冰糖，注入适量清水，至水位线即可，开始打浆。
3. 待豆浆机运转约15分钟，即成豆浆，把煮好的豆浆倒入滤网中，滤取豆浆。
4. 将滤好的豆浆倒入杯中即可。

【温馨提示】
黑豆可用温水泡发，这样可缩短泡发的时间。

芦笋

营养成分
含氨基酸、蛋白质、维生素等。

食用建议
宜与黄花菜、冬瓜、百合、海参、银杏、猪肉同食；芦笋中含有草酸，烹调时要焯水。

妈妈关心的食物安全问题

一些商家为了使芦笋外表更好看，更受消费者欢迎，常常会用漂白剂洗芦笋，使芦笋的外形更鲜艳漂亮，但这种芦笋中可能会含有过多的二氧化硫，如果清洗不干净，过量食用会导致呕吐、腹泻、腹痛、呼吸困难等症状。

如何安全选购

1 看粗细：挑选芦笋时以底部的直径在1厘米左右的为最好。

2 看长短：过长的芦笋一般成熟度过高；过短的芦笋太嫩；长度在20厘米左右的芦笋鲜嫩程度正好，口感较好。

3 看弹性：用手轻掐芦笋的根部，如果容易将表皮掐破且有水分，说明芦笋的新鲜程度较好。

4 看花头：在挑选芦笋时应该选择芦笋上方的花苞没有张开的；若花苞已经张开说明生长周期相对较长，鲜嫩程度相对差一些。

如何安全清洗与烹饪

芦笋因可口的味道和较高的营养价值深受人们的喜爱，但是人们在选购芦笋时往往会担心农药残留的问题。如何才能让我们吃得更放心呢？

首先，芦笋不可以生吃，需要经过烹调。在烹调之前应用流动水充分洗净，将残留在表面的农药冲洗干净。若菜品为凉拌，应先将其在沸水中焯水后再进行食用；若为其他烹调方式，应注意高温烹调后再食用。

此外，芦笋不宜长时间保存，一般放置超过1个星期就不能再食用了。宝宝的饮食口味不宜过重，给宝宝吃芦笋时应尽量避免高油高温的烹饪方式，以免导致宝宝出现上火或消化不良的现象。

营养师推荐宝宝餐

芦笋烧鸡块

原料

鸡脯肉100克，芦笋50克，红甜椒1个，白糖、生抽、姜末、蒜末、盐、食用油各适量

做法

1. 鸡脯肉切小块，沸水余烫，捞出沥干；芦笋去根去皮，切长段，入盐水内煮至断生；红甜椒去蒂去籽，洗净切长条。
2. 锅里注油烧热，先炒香姜末、蒜末，再放入鸡块爆炒至表面呈微焦黄色，调入白糖和生抽，放入芦笋段、甜椒丝，炒匀即可。

【温馨提示】

芦笋切好后，可先用清水浸泡，以去除其苦味。

洋葱

营养成分
富含前列腺素A、粗纤维及胡萝卜素、维生素B_1、维生素B_2、多种氨基酸等。

食用建议
宜与火腿、红酒、鸡肉、猪肉、鸡蛋、苹果、牛肉同食；洋葱辛辣味较重，最好是炒熟之后再食用。

妈妈关心的食物安全问题

洋葱由于味道特殊，往往会被归类为辛辣食品。此外，妈妈们还会担心洋葱会伤害宝宝的消化系统，但实验证明，将洋葱烹熟后，其对消化系统几乎没有伤害，而且洋葱并不是宝宝的禁吃食物之一。相反，由于洋葱中含有丰富的营养物质，尤其是含有其他食物中少有的含硫化合物，是强有力的抗菌食物，因此1岁以后可以开始给宝宝适量食用洋葱。

洋葱的大多数营养都保存在外层中，因此洋葱外面那层纸张一样的皮最好不要扔掉，洗净后可以拿来烹饪，以减少营养流失。

如何安全选购

1 看表皮：宜选择表皮光滑、干燥、紧密的洋葱，不宜选购有损坏或有发霉现象的洋葱。

2 看颜色：洋葱有黄色和紫色两种，黄色洋葱的层次较多、厚，水分较多，口感较甜；紫色洋葱的层次较少、薄，水分较少，口感较辣。

3 看干燥程度： 选择表皮较干的洋葱，洋葱如果不够干燥，是很容易发霉的。如果洋葱表面有灰色的水伤，则很有可能在水里浸泡过，虽然外表还正常，但内部可能已经发霉了。

如何安全清洗与烹饪

将洋葱放进清水中浸泡5分钟，然后捞出，用浸过水的刀切去洋葱两头，剥去外面的老皮后，再用流水冲洗干净，沥干水分即可。

洋葱本身有一股刺激的味道，第一次给宝宝食用时，应该少量，待宝宝逐渐适应洋葱的味道后再逐渐添加食用量。

营养师推荐宝宝餐

洋葱爆牛肉

原料
牛里脊肉100克，洋葱50克，银耳15克，葱花、姜丝、食用油、含铁酱油、盐各少许

做法
1. 牛肉洗干净，切薄片，加入少许食用油、含铁酱油腌约10分钟；银耳洗净泡发，切成小丁；洋葱洗干净，切成小块。
2. 油锅烧热，放入洋葱、银耳爆炒，加少许盐及清水炒匀，盛出。
3. 油锅烧热，爆香葱花、姜丝，放入牛肉片翻炒，快熟时放入洋葱、银耳，加入盐，炒匀。

【温馨提示】
洋葱呛眼睛，患有眼疾、眼部充血时，不宜切洋葱。

西红柿

营养成分
含有机碱、番茄红素、B族维生素、维生素C、矿物质等。

食用建议
宜与芹菜、鸡蛋、酸奶、菜花、土豆同食；西红柿中含有有机酸，胃肠道不好的宝宝不宜空腹食用。

妈妈关心的食物安全问题

西红柿是一种营养丰富的果蔬，其中的番茄红素对身体有很大的好处，但需要注意的是，食用未熟透的西红柿可能会引发食品安全问题。

青西红柿尚未熟透，含有龙葵碱，人体在大量摄入后会产生头晕、恶心或者腹泻等中毒症状。成熟的西红柿在购买的时候底部会有一些青色，大家对这样的西红柿不必过多担忧。买回去的西红柿在食用之前应用流动水洗净，避免有过量的农药残留。

如何安全选购

1 看颜色：颜色越红的西红柿表示成熟度越好，吃起来的口感较好。

2 看外表：应挑选外形圆润的西红柿，有棱或者表面有斑点的尽量不要购买。

3 试手感：用手轻捏西红柿，如皮薄有弹性、果实结实，则说明西红柿新鲜度和成熟度都较好。

4 看底部：观察西红柿底部的圆圈（果蒂），如果圆圈较小，则西红柿水分含量高，果肉紧实饱满。

如何安全清洗与烹饪

取一干净的洗蔬果的盆，放入适量清水，加入少许食盐，放入西红柿，浸泡几分钟后，用手轻轻搓洗西红柿表面，将搓洗好的西红柿取出，摘除蒂头，再将西红柿放在流动水下冲洗2次，沥干水分后即可。

西红柿可以生食、煮食，加工制成番茄酱、汁或整果罐藏。如果妈妈们担心西红柿皮上会有农药残留，或担心给宝宝食用后不易被消化，可以用热水烫法去掉西红柿外皮。

用刀在西红柿上划十字形的刀口。锅中烧开水，把西红柿放入，两分钟后划十字的地方就会裂开。这期间要用勺子不断地给西红柿翻个儿，以便西红柿所有的部分都被开水烫到。最后顺着裂开的地方撕掉全部的皮。

营养师推荐宝宝餐

蔬果虾蓉饭

原料
西红柿1个，香菇3朵，胡萝卜1/4根，大虾50克，西芹少许，米饭1碗

做法
1. 将香菇洗干净，去蒂，切成小碎块；胡萝卜洗干净，切粒；西芹洗干净，切成末。
2. 将西红柿切小块；大虾煮熟后去掉壳，取虾仁剁成蓉。
3. 将锅置于火上，放入所有菜品，加少量水煮熟，最后再加入虾蓉，一起煮熟后淋在米饭上拌匀即可。

【温馨提示】
若宝宝不喜欢西红柿皮的口感，可将其去掉。

牛肉

营养成分
含蛋白质、脂肪、维生素、钙、磷、铁、肌醇、黄嘌呤、牛磺酸等。

食用建议
宜与土豆、洋葱、鸡蛋、南瓜、白萝卜同食;大理石纹牛肉虽然更好吃,但是脂肪含量高,宝宝不宜多食。

妈妈关心的食物安全问题

人为掺假的问题。牛肉是一种营养价值非常高的食物,且味道鲜美,非常受人们的喜爱。但有些不良商贩受经济利益的驱使,会给牛肉注水增重,或利用病死牛肉加工成熟食出售等,这样做不仅大大降低了牛肉的营养价值,同时容易造成细菌感染,对人体的健康造成威胁。

违禁药物和兽药残留等问题。牛肉的食品安全问题还有使用兽药使牛成长得又快又壮,有的还使用违禁药物以增加牛肉的色泽和延长保鲜时间。长期食用这样的牛肉,容易造成体内化学物质的积累,会对肾脏有严重的损害,而婴幼儿器官尚在发育成长的阶段,一旦受到影响,后果可能会伴随终身。

如何安全选购

1 看色泽:新鲜牛肉呈均匀的红色,有光泽,脂肪洁白色或呈乳黄色;劣质牛肉色泽稍暗,脂肪无光泽;变质牛肉色泽呈暗红,无光泽,脂肪发暗甚至呈绿色。

2 闻气味:新鲜牛肉有鲜牛肉特有的正常气味;而劣质牛肉稍有氨味或酸味;变质牛肉则有腐臭味。

3 摸黏度：新鲜牛肉表面微干或有风干膜，触摸时不黏手；劣质牛肉表面干燥或黏手。

4 测弹性：新鲜牛肉指压后的凹陷能立即恢复；而劣质牛肉指压后的凹陷恢复比较慢，且不能完全恢复；变质牛肉指压后的凹陷不能恢复，且留有明显的痕迹。

如何安全清洗与烹饪

将牛肉放在盆里，倒入淘米水浸泡15分钟，用手将牛肉抓洗干净，然后用清水冲洗干净，沥干水分即可。

牛肉的纤维组织较粗，结缔组织较多，应横切，将长纤维切断，否则无法入味，还嚼不烂。牛肉有暖胃的作用，在寒冷的冬天，给宝宝食用牛肉非常适宜。

营养师推荐宝宝餐

牛肉菜粥

原料
大米20克，牛肉10克，卷心菜10克，水适量

做法
1. 牛肉洗净后，将白色脂肪去除，剁碎；卷心菜洗净，烫熟后切碎；大米洗净后待用。
2. 锅中放入大米和适量清水，大火烧开。
3. 加入牛肉和卷心菜，改用小火搅拌熬煮，直到粥变浓稠即可。

【温馨提示】
牛肉不宜食用过多，宜一周食用一次。

海带

营养成分
含碘、铁、钙、甘露醇、胡萝卜素等。

食用建议
宜与黑木耳、猪肉、冬瓜、虾、豆腐、紫菜同食；海带难消化，1岁之内宝宝不宜食用。

妈妈关心的食物安全问题

为了使海带看起来碧绿鲜嫩，博得消费者眼球，某些不良商家会用化工色素炮制海带，甚至添入"连二亚硫酸钠"以保持海带鲜嫩的颜色。过多食用这种海带，会影响人体对钙的吸收，破坏B族维生素，引发腹泻等症状。因此在选购的时候妈妈们要擦亮双眼，要安全、正确选购海带。

如何安全选购

1 看其完整性：将海带卷打开，看看海带是否是完整的，叶片是不是厚实。如果海带比较小而且比较碎，就不要选购。

2 看表面是否有白色粉末：海带含有甘露醇，所以优质海带的表面会附着一层白色的粉末，无任何白色粉末的海带不宜选购。

3 看厚度：海带叶宽厚、色泽浓绿或者无枯黄叶，并且手摸无黏手的感觉，就是优质海带。

4 看表面是否有小孔：如果海带表面有小孔洞或者大面积的破损，则代表出现过虫蛀或者霉变的情况，不能选购。

如何安全清洗与烹饪

如果是新鲜海带,可以先将海带在流动水下简单冲洗,注意不要用力搓洗或长时间浸泡,再将海带放入开水锅中,保持沸腾煮3~5分钟,将海带捞出放在凉水盆里即可。

如果是干海带,表面上会有一层白白的像细盐一样的东西,这不是污渍,而是一种叫甘露醇的营养物质,可以将干海带放在蒸锅上隔水蒸30分钟,取出后放入清水中,再加一勺面粉,浸泡10分钟后轻轻揉搓海带,最后用清水冲洗即可。

因海带含有褐藻胶物质,在烹调时不易煮软,如果把成捆的干海带打开,放在蒸笼蒸半个小时,再用清水泡上一夜,就会变得脆嫩软烂。

营养师推荐宝宝餐

海带烧豆腐

原料
水发海带丝100克,豆腐1块,熟豌豆粒30克,芝麻油、盐各少许

做法
1.将豆腐洗净后切小块,待用。
2.锅中放入适量清水烧开,然后放入水发海带丝煮烂。
3.将豆腐块、豌豆粒加入锅中,上盖小火焖5分钟,滴入芝麻油,加少许盐调味后即可起锅。

【温馨提示】
可将浸泡过海带的水和海带一起下锅做汤,这样可避免溶于水中的甘露醇和维生素被浪费。

紫菜

营养成分
含蛋白质、铁、磷、钙、维生素B_2等。

食用建议
宜与白萝卜、猪肉、紫甘蓝、鸡蛋、虾同食。

妈妈关心的食物安全问题

染色紫菜的问题。 紫菜营养丰富，含碘量高，是百姓餐桌上的常客。紫菜收获的时候是一茬接一茬的，用行话来说就是一水（第一次收获）的紫菜外观鲜嫩、口感美味，往后则为二水、三水、四水，越往后紫菜的质量越一般。有些不法商贩会通过给较老的紫菜染色或用低价的海藻染色后冒充鲜嫩紫菜售卖，抬高单价，食用这样的紫菜容易对身体造成损害，甚至导致重金属中毒。

如何安全选购

1 闻气味： 质量好的紫菜有海藻的芳香味；如有腥臭味、霉味等异味，则说明紫菜已经不新鲜了。

2 看色泽： 如果紫菜薄而均匀，有光泽，呈紫褐色或紫红色，则说明质量良好。

3 触手感：用手摸感觉干燥、无沙砾的为优质紫菜。如果有潮湿感，说明紫菜已经返潮；如果摸到沙砾，说明紫菜杂质太多。

4 泡紫菜：优质紫菜泡发后几乎见不到杂质，叶子比较整齐；劣质紫菜则不但杂质多，而且叶子也不整齐。

如何安全清洗与烹饪

紫菜在加工处理的过程中，可能会沾上些小细沙，将紫菜放入温水中浸泡，待其完全泡开，用手轻轻搅动清洗，待细沙沉淀后捞出即可。

紫菜可以用来煲汤、做饭团、寿司卷等，给宝宝食用的紫菜量每次约15克即可。紫菜具有独特的风味，无需添加其他调味品便已经很美味了！

营养师推荐宝宝餐

紫菜蛋花汤

原料

水发紫菜200克，鸡蛋1个，葱末、盐、食用油各适量

做法

1. 鸡蛋顺一个方向打散，制成蛋液。
2. 锅中倒入适量清水，放入少许食用油，拌匀煮沸，加盐调味。
3. 倒入洗好的紫菜，中火煮至熟透。
4. 倒入蛋液，搅散成蛋花。
5. 撒上葱末拌匀，出锅盛入碗中即成。

【温馨提示】

一定要在水煮开后再倒入蛋液拌匀，这样才不会使蛋液粘在锅底。

虾

营养成分
含蛋白质、脂肪、碳水化合物、谷氨酸、糖类、B族维生素、矿物质等。

食用建议
宜与猪肝、香菜、枸杞、豆腐同食；虾类食物蛋白质含量高，宝宝可以经常食用。

妈妈关心的食物安全问题

虾含有丰富的谷氨酸，是使虾呈现鲜味的主要成分。活虾营养价值高于冷冻虾，购买的活虾如果一次吃不完要根据食用量分装，装入保鲜盒中，放到冰箱冷冻室储存。分装时要注意添加少量水，这样储存的虾不会变色，味道与活虾相差不大。

如何安全选购

1 体表干燥：鲜活的虾体外表洁净，用手摸有干燥感。变质虾摸着就有滑腻感，黏手。

2 颜色鲜亮：如果虾头发黑，多是不新鲜的虾。整只虾颜色比较黑、不亮，则说明已经变质。

3 肉壳紧连：新鲜的虾虾壳与虾肉之间粘得很紧密，用手剥取虾肉时，虾肉黏手。且虾肠组织与虾肉也粘得较紧，假如出现松离现象，则表明虾不新鲜。

4 没有异味：新鲜的虾有正常的腥味，如果有异味，则说明虾已变质。

如何安全清洗与烹饪

先用剪刀剪去虾须和虾脚，在虾背部开一刀，用牙签将虾线挑干净，然后把虾放在流动水下冲洗，沥干水分即可。

虾中含有丰富的蛋白质和钙等营养成分，但如果与含有鞣酸的水果，如葡萄、石榴、山楂、柿子等同食，不仅会降低蛋白质的营养价值，而且鞣酸和钙离子会结合形成不溶性结合物刺激肠胃，会使宝宝出现呕吐、头晕、恶心和腹痛腹泻等症状。因此，宝宝吃虾和水果最好间隔 2 个小时以上，以免引起不良反应。

营养师推荐宝宝餐

三色豆腐虾泥

原料

胡萝卜1根，虾30克，油菜2棵，豆腐50克，食用油少量

做法

1. 胡萝卜洗干净，去皮切碎；虾去头、皮、泥肠，剁成虾泥。
2. 油菜洗干净用沸水焯过，切成碎末；豆腐清洗过后压成豆腐泥。
3. 锅内倒油，烧热后下入胡萝卜末煸炒，半熟时，放入虾泥和豆腐泥，继续煸炒至八成熟时再加入碎菜，待菜烂即可。

【温馨提示】

对虾过敏的宝宝，可以将虾肉换成鱼肉。

忌吃食物要谨记

罐头

在制作罐头时，为了防止腐坏，制造商会加入很多盐类和防腐剂，这些物质对宝宝的身体健康有很大的危害。比如水果罐头，为了增加口感，添加了大量的糖，这些糖被人体摄入后，可在短时间内导致血糖大幅度升高，加重胰腺的负担。由于人体无法立即消耗这些能量，会造成宝宝营养过剩，出现肥胖症等。

蜜饯

蜜饯类食品在加工制作过程中会产生亚硝酸盐，此类物质是一种强氧化剂，可将正常的血红蛋白氧化成高铁血红蛋白，失去运氧功能，致使组织缺氧。蜜饯类食品在腌渍前就会添加色素、防腐剂等，这些物质大都是人工合成的化学物质，对身体有一定的损害，再加上宝宝的排毒系统尚未发育完善，无法将其排出体外，因此对宝宝的伤害会更大。

膨化食品

膨化食品是通过金属管道进行加工的，金属管道里面通常会含有铅和锡的合金，在高温的情况下，这些物质容易汽化，汽化后就会污染食品。这些物质被吸收进人体后，很难被排出，会损害人体的神经系统、造血系统、血管和消化系统。很多膨化食品中还添加了大量人工色素，这些色素会对儿童的生长发育造成危害。因此，宝宝应少食或禁食膨化食品。

烧烤

在烧烤过程中，食物中的核糖与大多数氨基酸在加热时会产生一种基因突变物质。烧烤食物时，炭火、木料等燃料也会产生致癌作用较强的物质，这种物质进入人体内不仅易引起胃癌，还会诱发肺癌、白血病等。婴幼儿正处于生长发育的旺盛阶段，肝脏的解毒功能比较弱，吃烧烤更容易诱发多种疾病。所以，3岁以前的宝宝最好禁吃烧烤，10岁以下的宝宝也不宜多食。

人参

人参中含有的人参素、人参皂苷有兴奋神经的作用，宝宝服用后容易出现兴奋、烦躁、睡眠不安等症状，从而影响大脑的发育。宝宝如果服用人参，会引起性发育紊乱，导致性早熟，会严重影响婴幼儿的身心健康。如果服用人参过量，还会引起大脑皮层神经中枢的麻痹，使心脏收缩力减弱，血压和血糖降低，甚至威胁宝宝的生命。因此，如非病情需要，不建议任何年龄段的儿童或青少年食用人参。

鹿茸

鹿茸中含有雄性激素和卵泡激素等性腺激素，宝宝如果服用，会促进宝宝的性发育，造成机体内分泌功能紊乱，出现性早熟、免疫力下降、智力下降等症状。其次，鹿茸具有刺激神经系统的作用，宝宝如果服用过多，很容易出现极度兴奋、烦躁失眠，甚至精神错乱的症状。最后，鹿茸属温热性壮阳药，本身不适合小儿服用，有些孩子服用后，还容易出现呼吸困难、荨麻疹等过敏反应。如非病情需要，不建议任何年龄段的儿童或青少年服用鹿茸。

第八章

2~3岁：健脑益智关键期，吃出聪明宝宝

宝宝2岁时要开始断奶了，这对宝宝的生活来说是一个大转折，不仅是食物种类、喂养方式的改变，更是宝宝与妈妈情感交流方式的一种改变。同时，2~3岁的宝宝，一日三餐基本上可以与大人同时进行了，食物的安全选购不仅仅限于宝宝食物，而是整个家庭的食物了。

宝宝的成长与变化

满3周岁时，男孩的身高平均为91.7~95.38厘米，体重平均为13.13~14.53千克，头围为48.8~50.1厘米，胸围为50.2~53.54厘米；女孩的身高平均为91.3~92.77厘米，体重平均为12.55~14.13千克，头围为48.7~49.8厘米，胸围为49.5~52.2厘米。

这一时期的幼儿有20颗乳牙。

2~3岁宝宝的营养需求

宝宝的食物种类要多种多样，这样才能得到丰富均衡的营养。但宝宝的胃很小，不能一餐吃太多，最好的方法是每天进餐5~6次。牛奶是断奶后宝宝理想的蛋白质和钙的来源，所以，断奶后除了给宝宝吃鱼、肉、蛋外，每天要喝牛奶，吃高蛋白的食物25~30克。

主食应以谷类为主，如米粥、软面条、麦片粥、软米饭或玉米粥中的任何一种。可在主食中适当加少许盐、醋、酱油，但不要加味精、人工色素、辣椒、八角等调味品。同时应让宝宝吃足量的水果和蔬菜。

2岁宝宝要开始断奶了

断奶是建立在成功添加辅食的基础上的，适时、科学地给宝宝断奶对宝宝和妈妈的健康非常重要。从10个月起，每天先给宝宝减掉一顿奶，相应加大辅食的量。过一周左右，如果妈妈感到乳房不太发胀，宝宝消化和吸收的情况也很好，可再减去一顿奶，并加大辅食的量，逐渐断奶。减奶最好先减去白天喂的那顿，再逐渐停止夜间喂奶，直至过渡到完全断奶。

在断奶期间，宝宝会有不安的情绪，因此妈妈要格外关心和照顾，需要花较多的时间陪伴宝宝。宝宝不仅把母乳作为食物，而且对母乳有一种特殊的感情，它给宝宝带来信任和安全感，所以即便断奶态度要果断，但也不可采用仓促、生硬的方法，否则会影响宝宝的情绪，使他因缺乏安全感而大哭大闹，不愿进食，导致脾胃功能紊乱、食欲差、面黄肌瘦、夜卧不安，从而影响生长发育，使抵抗力下降。

宝宝到了离乳月龄时，恰逢生病、出牙，或是换保姆、搬家、旅行及妈妈要去上班等情况，最好先不要断奶，否则会增加断奶的难度。给宝宝断奶前，应带去医院做一次全面的体格检查，只有在宝宝身体状况好、消化能力正常的情况下才可以断奶。

爸爸的作用

要减少宝宝断奶后对妈妈的依赖，爸爸的作用不容忽视。在宝宝断奶前，要有意识地减少妈妈与宝宝相处的时间，增加爸爸照料宝宝的时间，给宝宝一个心理上的适应过程。

刚断奶的一段时间里，宝宝会对妈妈更加依赖，这时爸爸应多陪宝宝。刚开始宝宝可能会不满，但是时间久了就会适应。让宝宝明白爸爸也可以照顾他，而且妈妈也一定会回来。这样增加对爸爸的信任，会使宝宝减少对妈妈的依赖。

多吃健脑益智的食物

当宝宝3岁左右时，脑发育已经达到高峰，即使宝宝的身高体重仍保持快速增长，但脑重量的增加速度却很缓慢了。0~2岁时是宝宝脑重量快速增长期，刚出生的宝宝脑重量为成人的25%，2~4岁时脑重量达到成人的80%，4~7岁时脑重量达到成人的90%。因此在宝宝2~3岁这个阶段，要给宝宝多补充健脑益智类的食物，为大脑的快速发育提供能量。

那么，宝宝脑部发育需要哪些营养呢？

蛋白质

蛋白质提供的氨基酸可影响神经传导物质的制造。

碳水化合物

大脑的发育也同样受碳水化合物的影响，如果血糖过低，脑细胞就会因为能源不足而失去功能。

卵磷脂

卵磷脂与细胞膜的生成有关，是一种帮助人体制造脑部神经信息传导物质（乙酰胆碱）的重要成分。

油脂类物质

婴儿脑部60%是脂肪结构，而不饱和脂肪酸是帮助婴儿脑细胞膜发育及形成脑细胞、脑神经纤维与视网膜的重要营养素。

营养师答疑

宝宝不愿意吃蔬菜,能用水果代替吗

有些宝宝不爱吃蔬菜,一段时间后,不仅会导致营养不良,而且很容易出现便秘等症状。有些妈妈在遇到这种情况后,就想用水果代替蔬菜,以为这样可以缓解宝宝的不适,然而效果却不明显。从营养上来说,水果是不能代替蔬菜的,因为蔬菜中富含的纤维是保证大便通畅的主要物质之一,同时,蔬菜中所含的矿物质也是水果不能替代的。因此,为了保证宝宝身体健康,蔬菜的摄入是必需的。如果宝宝不喜欢吃,妈妈可以用一些小方法,将蔬菜混合到宝宝喜欢的菜食中,如将蔬菜切碎和肉一起煮成汤,或做成菜肉馅的饺子等。

总之,因为水果中的矿物质含量少,不能满足宝宝身体的需要,所以不能以水果取代蔬菜。

可以给宝宝吃"汤泡饭"吗

有些父母认为汤水营养丰富,而且还能使饭更软一点,宝宝容易消化,因此常常给宝宝喂食汤泡饭。其实,这样的喂食方法有很多弊端。

首先,汤里的营养不到10%,而且大量汤液进入宝宝胃部会稀释胃酸,影响宝宝的消化吸收。

其次,长期食用汤泡饭,会养成宝宝囫囵吞枣的饮食习惯,影响宝宝咀嚼功能的发展,养成不良的饮食习惯和生活习惯,还会大大增加宝宝胃的负担,还可能让宝宝从小就患上胃病。

汤泡饭很容易使汤液和米粒呛入气管,造成危险。

吃饭时边吃边喝水或奶,也是很不好的习惯,所造成的不良影响和汤泡饭是一样的,都会影响消化液分泌,冲淡胃液的酸度,导致宝宝消化不良。加上宝宝脾胃相对较弱,免疫细胞功能不强,长期下去,不但影响饭量,还会伤及身体。

推荐给2~3岁宝宝的安全食物

山药

营养成分
含多种氨基酸、糖蛋白、黏液质、胡萝卜素、维生素B_1、维生素B_2等。

食用建议
宜与红枣、玉米、羊肉、绿豆同食。

妈妈关心的食物安全问题

市面上曾经一度有不法商贩使用甲醛喷雾对山药进行保鲜的做法。甲醛是无色、有刺激性味道的气体,会对人体的呼吸道和消化道造成伤害,产生头晕、头痛、眼睛酸涩等症状。在挑选时应注意,闻一下是否有刺鼻异味;若放置时间过久,外表层无变化,但里面已经变色腐烂,要仔细鉴别。

如何安全选购

1 挑重量:相同大小的山药最好选择重一些的,这样的山药更新鲜。

2 看须毛:同一品种的山药须毛越多越好,因为这样的山药口感较好。

3 看切面： 新鲜山药横切面呈白色，一旦出现黄色或者红色，则表明山药新鲜度已经降低，尽量不要购买。

4 看外观： 山药表皮出现褐色斑点、外伤或破损，不建议购买，此类山药品质较差。

如何安全清洗与烹饪

清洗山药前要戴上手套或用盐水、醋洗一下手，这样可以避免洗山药时出现手痒的情况。将山药放在流动水下搓洗干净，用刮皮刀将山药的表皮刮除干净，前后两端也可以削去不要。将去皮山药放在清水里，加入适量食盐，浸泡15分钟左右，用手轻轻搓洗山药，捞出后将山药放在流动水下冲洗，沥干即可。

刚开始给宝宝添加辅食时，可以将山药蒸熟后搅成山药泥给宝宝吃，之后可以切成小块烹饪，还可以制成山药糕、山药饼给宝宝食用。

山药稀饭

原料

去皮山药30克，大米50克

做法

1. 山药切成细丁后蒸熟。
2. 锅中放入洗净的大米和适量清水，熬煮成粥。
3. 粥煮至黏稠时，放入山药丁，略煮片刻即可。

【温馨提示】

山药切丁后若不立即进行烹调可先浸泡在盐水中，以防止氧化发黑。

金针菇

营养成分
含氨基酸、锌、朴菇素、钾等。

食用建议
宜与豆腐、鸡肉、豆芽、芹菜、西蓝花、猪肝同食。

妈妈关心的食物安全问题

大家可能对用硫黄熏银耳、熏笋干早有耳闻,但是使用工业制剂柠檬酸泡金针菇,恐怕很少人听说过。鲜金针菇耐贮性较差,很多商家为了便于储存,延长其保鲜时间,在运输或保鲜的过程中会加入柠檬酸,这样的金针菇保质期可以延长。

但是随之而来的是对我们身体健康的威胁,长期过量食用含有柠檬酸的食品,会导致体内钙质流失,导致低钙血症。而使用工业柠檬酸浸泡,食物中的化学残留物会损害人体神经系统,诱发过敏性疾病,甚至致癌。

如何安全选购

1 看颜色: 优质的金针菇颜色呈淡黄至黄褐色,菌盖中央比边缘深一些,菌柄上浅下深;还有一种色泽白嫩的金针菇,应该是纯白色或乳白色。

2 闻气味： 不管是白色还是黄色，优质金针菇的颜色应该较为均匀、鲜亮，带有一股清香味。如果闻起来没有应有的清香，反而有异味，可能是经过熏、漂、染或用添加剂处理过的，在选择时应避开这一类。

如何安全清洗与烹饪

将金针菇的根部切除，把金针菇放进盆里，加入适量的清水和少量的食盐，浸泡一会儿，取出，将金针菇掰开，然后再放在流动水下冲洗干净，沥干水分即可。

应禁食不熟的金针菇。因为未熟透的金针菇中含有秋水仙碱，人体食用后容易因氧化而产生有毒的二秋水仙碱，它对胃肠黏膜和呼吸道黏膜有强烈的刺激作用。因此，烹饪金针菇一定要注意，确保其完全熟透后方可食用。

营养师推荐宝宝餐

双菇肉丝

原料

金针菇、猪肉各100克，干香菇10克，芝麻油、盐各适量

做法

1. 金针菇去根洗干净，用开水煮熟，切成小段。
2. 将干香菇洗净泡发后煮熟，切成细丝。
3. 将猪肉洗净后放入开水中余熟，切成细丝。
4. 将金针菇段、干香菇丝和肉丝一起置于碗内，加适量芝麻油、盐，混匀装盘即可。

【温馨提示】

为保证肉丝的鲜嫩，可先用水淀粉、食用油腌制片刻。

花生

营养成分
糖类、维生素A、钙、磷、铁、氨基酸、不饱和脂肪酸、卵磷脂等。

食用建议
宜与红枣、猪蹄同食；花生果实较小，宝宝食用时最好在家长监督下进行。

妈妈关心的食物安全问题

花生最大的污染物是黄曲霉毒素，其在生长和储存的全过程中都容易受到黄曲霉菌的污染。黄曲霉毒素是公认的致癌物，在人体内不能降解，只能沉积在肝脏中，当沉积过多的时候容易诱发肝癌。购买的时候要选择正规生产，严格按照食品安全管理法进行储存、运输的花生，不能购买过期、长期放置、霉变的花生，一旦发现花生有霉变的情况应立即丢弃，不能食用。

如何安全选购

1 捏质感：想要捏破新花生的壳会觉得不太好捏；陈花生的壳捏破较轻松，而且捏破时会有声响。

2 摇听音：将花生放在耳边摇一摇，新鲜花生几乎听不见晃动的声音，即使有声音也是小而沉闷的；陈花生摇起来会有声响。

3 尝口感：新花生尝起来水分足，口感较嫩，能尝到淡淡的甜味；陈花生尝起来较干，会有淡淡的涩味，有的甚至会发苦。

如何安全清洗与烹饪

将花生放入盆中,加入适量清水,用手轻轻揉搓,将花生表面的灰尘等物质洗净,将花生捞出,沥干,再放入装有清水的碗中,浸泡30分钟,煮汤或者煮粥时可将浸泡的水一同煮了。

有些妈妈可能担心花生米外面的那层红衣会影响口感而将其去掉,其实这样做会失去花生米红衣中的营养成分。花生米既可入菜、入汤、入粥,也可以炒熟后当零食食用,十分美味。

营养师推荐宝宝餐

莲藕花生汤

原料

莲藕150克,水发花生50克,盐、食用油各适量

做法

1. 将洗净去皮的莲藕对半切开,再切成薄片,装入盘中,备用。
2. 砂锅中注水烧开,放入洗好的花生;盖上盖,用小火煲煮约30分钟,倒入切好的莲藕。
3. 盖上盖,用小火续煮15分钟即可。

【温馨提示】

莲藕可先焯一下水再煮,这样汤的颜色更好看。

核桃

营养成分
富含蛋白质、脂肪、膳食纤维、钾、钠、钙、铁、磷等。

食用建议
宜与红枣、薏米、黑芝麻、芹菜、百合、梨同食。

妈妈关心的食物安全问题

　　大部分核桃是以半野生状态栽培的，所用农药较少，因此比较安全。但是目前市场上有一种"白皮核桃"，这种核桃品种是确实存在的，但是颜色只是比普通核桃颜色浅一点，如果是过白的白皮核桃就要小心，这是不法商贩为了利益将普通核桃漂白加工后充假或为了使核桃美观，漂白后高价售卖的手段，这样的核桃食用后会对人体造成很大的危害，因此妈妈们给宝宝食用核桃时不要尝试与众不同的品种，市场上普通的品种便可以。

如何安全选购

1 看颜色：市场上的核桃，有的外壳颜色很白，有的颜色暗黄，还有些发黑。核桃皮其实就是木头材质，越接近木头的颜色说明越接近食物本来面目，有些发白的核桃可能是用一些化学试剂浸泡过或加工处理过的，如果核桃恰巧有裂痕或破损，可能化学药水已浸入核桃仁。

2 看纹路：花纹多的核桃较好，因为花纹是在核桃生长过程中为核桃输送养料的，花纹越多，说明核桃吸收的养料也会越多。

3 尝核桃：剥皮后的核桃仁若是又香又脆，且没有其他怪味，则为好核桃。若是味道不纯或者有怪味，则有问题，建议不要购买。

如何安全清洗与烹饪

核桃本身具有很强的抗氧化性，除了果仁中的维生素E之外，主要是因为果仁外边包裹的那层褐皮中富含多酚类物质，所以吃核桃的时候最好不要去掉那层皮。

核桃芝麻米糊

原料
黑芝麻10克，大米30克，核桃、黄冰糖碎末各适量

做法
1. 将大米、黑芝麻、核桃分别淘洗干净。
2. 将洗净的大米、黑芝麻、核桃、黄冰糖碎末放入豆浆机，加水至上下水位刻度之间。
3. 按下五谷豆浆键，打磨完成后，无须过滤，倒入杯中，即可饮用。

【温馨提示】
对于胃肠消化功能还不健全的宝宝来说，黑芝麻直接吃不容易被消化，最好制成芝麻糊食用。

鳕鱼

营养成分
含丰富的蛋白质、维生素A、维生素D、钙、镁、硒、DHA等。

食用建议
宜与咖喱、辣椒同食。

妈妈关心的食物安全问题

鳕鱼的营养价值高,富含的不饱和脂肪酸对于儿童智力和视力的发育、成人降低血脂等方面都是很有益处的,但是一定要仔细鉴别。市面上有一种很像鳕鱼的鱼,这种鱼的学名叫"蛇鲭",又被称为"油鱼"。这种鱼的脂肪含量可高达20%,并且是以蜡质的形式存在的,不能为人体消化吸收。若宝宝吃这种假鳕鱼,会造成严重的腹泻,所以妈妈们一定要好好辨别真假鳕鱼。

如何安全选购

1 看价格:一般正宗的鳕鱼价格都在每500克100元以上,如果出现低价格的鳕鱼就得留意一下,很可能不是真正的鳕鱼。

2 看颜色:真鳕鱼的肉质颜色相对来说比较洁白,假鳕鱼的颜色呈淡黄色。

3 看鱼鳞:真鳕鱼的鱼鳞比较锋利,就像针刺一样;假鳕鱼则无此特点。

4 用手触摸:当鱼肉解冻后,真鳕鱼摸上去会很柔滑,假鳕鱼则相对粗糙一点。

如何安全清洗与烹饪

买回来的鳕鱼一般是已经去掉内脏的,将鳕鱼放在流动水下冲洗,用手将表皮撕干净,再用清水冲洗干净,沥干水分即可。

烹调鳕鱼的方法有很多,为了让宝宝尝到鳕鱼的原有味道可以选择清蒸的方式,鳕鱼清蒸不仅能尝出其口感细腻度,更能使得营养吸收最大化。在喂宝宝吃鳕鱼肉时也要格外注意有没有鱼刺残留,以免伤了食道。第一次给宝宝尝试鳕鱼的时候,注意不要给太多,最好是先让宝宝吃一两口,然后妈妈要仔细观察宝宝有无过敏现象。如果没有过敏现象,再逐渐添加食用量。

营养师推荐宝宝餐

鳕鱼炖饭

原料

鳕鱼25克,米饭半碗,牛奶、海苔、黑芝麻、食用油各适量

做法

1. 将海苔剪成小片;鳕鱼洗净后切小丁。
2. 锅中注油烧热后,先将鳕鱼放入锅中炒熟。
3. 放入牛奶、米饭,加适量水用小火炖煮,最后撒上海苔片、黑芝麻即可。

【温馨提示】

可以用现煮好的米饭,也可以用上一餐未食用的米饭,但最好不要用隔夜米饭。

三文鱼

营养成分
含蛋白质、不饱和脂肪酸、维生素D等营养成分,能促进机体对钙的吸收利用,有助于生长发育。

食用建议
宜与西红柿、柠檬、秋葵同食。

妈妈关心的食物安全问题

三文鱼存在的食品安全问题主要是寄生虫、细菌和重金属污染。

容易让三文鱼受污染的寄生虫有很多种,最常见的便是异尖线虫,当加热到60℃以上时这种寄生虫便能被消灭,所以给宝宝食用的三文鱼一定要煮熟,不能让宝宝生吃。三文鱼在生产、运输、储存过程中容易受到细菌的感染,冷冻后,细菌暂时失去了活力,但是一旦温度升高,细菌便重新活跃起来,加热后可以杀灭细菌,免受感染。重金属污染是由三文鱼生长的水质所决定的,后续加工处理的影响不大,因此为了避免这一风险,应该购买有正规来源的三文鱼。

如何安全选购

1 看颜色:新鲜三文鱼鱼肉是鲜橘红色,如果颜色发白或者发暗,则表明质量较差;新鲜三文鱼有一种润泽的感觉,而不新鲜的三文鱼,则会失去那一层光泽,色泽较为暗淡无光。

2 看质地：新鲜的三文鱼摸上去感觉有弹性，按下去会自己慢慢恢复。不新鲜的三文鱼摸上去则是实实的，没有弹性。

3 看鱼鳃：掰开三文鱼的鳃来仔细看看，新鲜的三文鱼鱼鳃是鲜红的，而不新鲜的三文鱼鱼鳃发黑。

如何安全清洗与烹饪

将买回来的三文鱼先用清水来回冲洗两次，之后用厨房纸巾轻轻吸去表面的水滴和油脂即可。

三文鱼多为生食，口感鲜嫩，而且营养价值高，但宝宝的消化系统尚在发育阶段，生食三文鱼不利于宝宝的肠胃健康。三文鱼的做法有很多，用煎锅煎，用烤箱烤，或直接取三文鱼肉煮粥等。

营养师推荐宝宝餐

蔬菜三文鱼粥

原料

三文鱼120克，胡萝卜50克，芹菜20克，盐3克，水淀粉3克，水发大米、鸡粉、食用油适量

做法

1.将洗净的芹菜、胡萝卜切粒；将洗好的三文鱼切成片，装入碗中，放入盐、鸡粉、水淀粉拌匀，腌渍15分钟至入味。
2.砂锅注水烧开，倒入大米，加食用油，搅拌匀，慢火煲30分钟至大米熟透。
3.倒入切好的胡萝卜粒，慢火煮熟；加入三文鱼、芹菜，拌匀煮沸；加盐调味，拌匀即可。

【温馨提示】

腌渍三文鱼时，可加少许葱、姜汁，能更好地去腥提鲜。

牛奶

营养成分
富含蛋白质、碳水化合物、维生素A、乳糖、卵磷脂、胆固醇等。

食用建议
宜与木瓜、火龙果、草莓、芒果、鸡蛋同食。

妈妈关心的食物安全问题

药物残留的问题。 奶牛生病期间用药过量,尤其是抗生素使用过量,有些商贩即使在奶牛生病服药期间仍然挤奶,或者为追求产量,还会对奶牛过量使用催产素、黄体酮等激素。这样就很容易导致原料奶中含有超量的残留药物。

饲料低劣,原奶质量差。 为降低生产成本,选用价格低廉的饲料喂养奶牛,这样就容易导致原奶质量差。其中大量使用低蛋白、钙磷比例不当或大量添加人工香味剂的饲料是较为常见的手段,这样做不仅会导致原奶质量差,长期食用也容易对人体造成损害。此外,饲料若是已经被杀虫剂、除草剂、工业废水污染过,也会通过食物链进入人体中。

此外,有些不法商家为了提高原奶中乳的密度,还会掺入食盐、硝酸钠、亚硝酸钠等物质;为了降低乳的酸度,掩盖乳的酸败,还会掺入碳酸钠、明矾、氨水等中和剂;为了增加乳的比重,还会掺入尿素、蔗糖等物质。这些都是目前牛奶所存在的安全隐患。

如何安全选购

1 看营养标签： 最简单的辨别牛奶的方法是看配料表（每种食品的标签上，配料表都是按照其所占比例由多到少依次排序的）。若配料表中只有生牛乳，则表明是真正的纯牛奶。

2 辨别杀菌方式： 巴氏杀菌奶——其消毒温度在 60～70℃，杀菌时间 30 分钟，因其消毒温度低，营养素的损失较少，这样的牛奶更优质。

小刺猬馒头

原料
面粉500克，牛奶200毫升，泡打粉4克，白砂糖35克

做法
1.将所有原料放在一起揉成光滑的面团，盖上湿布，饧发1小时，涨到原面团2倍大。
2.继续揉面，直至切开剖面没有明显气孔。切成小份，搓成锥形，像刺猬一头尖的形状。
3.用黑米或者芝麻做眼睛，小剪刀剪出小刺。
4.放蒸笼饧发15分钟，入蒸锅，大火烧开后蒸15分钟（蒸笼周围盖上湿布）即可。

【温馨提示】
将馒头做成小刺猬的有趣造型，能充分吸引宝宝的注意力，让宝宝有兴趣吃这道零食。

# 酸奶

营养成分
含蛋白质、钙、乳酸菌等。

食用建议
宜与桃子、猕猴桃、苹果、鸡蛋、蓝莓、木瓜、雪梨同食；酸奶中含有乳酸菌，宝宝饮用后及时漱口。

妈妈关心的食物安全问题

添加剂过量使用的问题。 由于酸奶的生产工艺需要，添加剂的使用是允许的，只要合理限量使用，并不会对人体健康造成危害。但是有些不良商贩为了延长酸奶的保质期、降低生产成本、丰富酸奶口味等，会过量或使用不合格的添加剂，这样的话就会对人体健康造成威胁，也是目前酸奶主要存在的安全隐患之一。

有害菌的污染。 酸奶是由牛奶发酵而来，发酵过程中便需要微生物的参与，但是由于环境中存在着大量的细菌，因此在发酵前必须对原料牛奶和发酵器具等进行杀菌，一般大型企业皆能达到合格的杀菌标准，而小作坊或自制酸奶的话则很难做好这一点，生产出来的酸奶便可能存在有害菌的污染问题。

如何安全选购

购买酸奶的三大原则：

1.尽量购买原味的酸奶，以尽量减少添加剂成分。

2.一般的酸奶保质期在21天左右，购买酸奶应挑选最接近出厂日期的，因为时间越长，有益菌群消失得越多。

3.尽量选择大厂家生产的酸奶，因为相比一些小作坊而言，大厂家的酸奶会

更让人放心一些，经过的审核认证也会更多一些，可以避免出现一些不必要的麻烦。另外，除了安全的酸奶的鉴别方法外，懂得如何购买优质酸奶也很重要，下面是营养师根据经验总结的两个关键的鉴别酸奶质量的方法。

1 储存环境： 在购买时一定要选择低温冷柜中储存的酸奶。酸奶中的乳酸菌只有在低温下才能存活。反之，酸奶中的乳酸菌活性会大大降低，而且可能助长了其他杂菌的滋生，导致酸奶变质。

2 蛋白质含量： 蛋白质含量≥2.3克才是真正的酸奶；而蛋白质≥1克的，是乳酸饮料。二者营养价值相差甚远，乳酸饮料不等于酸奶。

营养师推荐宝宝餐

酸奶香蕉汁

原料
香蕉1根，酸奶60克

做法
1. 香蕉取果肉，切小块。
2. 取备好的榨汁机，选择搅拌刀座组合，倒入香蕉和酸奶，盖上盖子。
3. 选择"榨汁"功能，榨出果汁。
4. 断电后倒出果汁，装入杯中即成。

【温馨提示】
切好的香蕉要尽快榨汁，以免氧化变黑。

忌吃食物要谨记

过咸食物

人体对盐的需求量远远低于我们的想象,一般来说,以成人每天少于6克、儿童每天少于3克为宜。若宝宝吃过咸的食物,会损伤动脉血管,影响脑组织的血液供应,脑细胞会长期处于缺血状态,从而造成智力迟钝、记忆力下降。

对于从1岁半到5岁的幼儿,由于各种食物中本身就含有钠,为了调味,放些淡盐即可,千万不宜过咸,咸菜、榨菜、咸肉、豆瓣酱等食物不适宜给儿童食用。父母给孩子做饭时,切忌以自己的口味来矫正咸淡,应用小勺定量取盐。

含味精多的食物

味精的主要成分是谷氨酸钠,它通过刺激舌头上的味蕾,让我们感觉到可口的鲜味。谷氨酸钠对人体没有益处,一般等食材快出锅时才放少许味精,可以降低其对人体的伤害。但也有研究表明,1周岁以内的宝宝食用味精有引起脑细胞坏死的可能,经常食用还会影响大脑,出现反应迟钝、笨拙、记忆力降低等,所以味精少吃为好。

此外,摄入味精会致使血液中谷氨酸的含量升高,因而限制了人体对钙和镁的吸收利用,对儿童的生长发育不利。薯片、方便面等很多美味零食中不仅含有味精,而且含量很可能超标,故应忌食。

含过氧脂质的食物

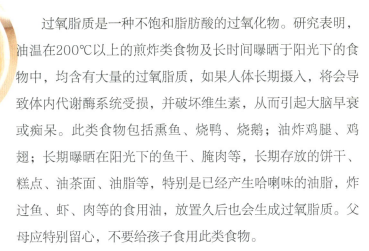

过氧脂质是一种不饱和脂肪酸的过氧化物。研究表明，油温在200℃以上的煎炸类食物及长时间曝晒于阳光下的食物中，均含有大量的过氧脂质，如果人体长期摄入，将会导致体内代谢酶系统受损，并破坏维生素，从而引起大脑早衰或痴呆。此类食物包括熏鱼、烧鸭、烧鹅；油炸鸡腿、鸡翅；长期曝晒在阳光下的鱼干、腌肉等，长期存放的饼干、糕点、油茶面、油脂等，特别是已经产生哈喇味的油脂，炸过鱼、虾、肉等的食用油，放置久后也会生成过氧脂质。父母应特别留心，不要给孩子食用此类食物。

含铅食物

铅是脑细胞的一大"杀手"，这是因为铅进入人体后，主要沉积在大脑的海马体中，而海马体主要负责记忆和学习，日常生活中的短期记忆都储存在海马体中，铅会使这里的营养物质和氧气供应不足，从而造成脑组织损伤。铅中毒的儿童表现为多动、注意力不集中、行为冲动、智商下降、语言功能发育迟缓等。而且，铅中毒对儿童的影响比成人要严重，因为儿童对铅的吸收率高而排泄率却很低。爆米花、松花蛋等食物在制作过程中，都会使铅进入食物，故儿童不宜食用。多吃富含维生素C的蔬菜、水果，有助于排出体内的铅，同时增加锌、钙、铁的摄入，可降低胃肠对铅的吸收和骨铅的蓄积。大人千万不要在孩子面前吸烟，因为燃烧的香烟产生的雾状含铅微尘是空气含铅微尘的60倍。

第九章

3~6岁：可以适当地给宝宝吃零食

　　这一时期的宝宝渐渐开始爱上吃零食，妈妈们可以自制健康零食，既满足宝宝对零食的需求，也能让宝宝和自己一起动手做零食，增添亲子活动的乐趣。如果需要购买市面上的零食时，则一定要看清食品标签，选择健康有益的零食给宝宝吃。

正确对待零食

三餐之外所吃的食物统统都可称为零食,所以零食是一种很宽泛的概念。大多数家长提起零食都会想到那些"垃圾食品",因为它们会危害孩子们的健康,不利于他们的成长,所以把它们都拒之门外。其实零食同样可以是健康的食物,比如坚果、水果等。

因此,零食不是不能给宝宝吃,而是要选择健康的零食,同时也要让宝宝养成健康的饮食习惯。

首先,应该慢慢减少孩子进食不健康零食的量,然后在日常生活中要教孩子区别健康零食和不健康零食,以及告诉他们不健康零食的危害,对他们的成长会有怎样的不良影响。

其次,我们要允许孩子吃健康零食,可以给孩子准备一些健康的零食,做到适时适量。选择一些孩子喜欢的造型,和孩子喜欢吃的零食相近的口味,这样可以转移孩子的注意力,逐渐让健康零食代替"垃圾食品"。应注意选择清洁、卫生、在保质期内的食品,比如说新鲜的水果、无过多食品添加剂的低脂或脱脂奶类及其制品、坚果类、豆类等。

自制零食要选择健康的食材

名称	作用	图片
牛奶	牛奶是营养丰富的饮品之一，可直接饮用，也是我们做饮料、甜点、糖果等小零食的重要材料	
酸奶	酸奶的用处可多啦！可以用来做雪糕，还能加在打发的蛋白中，做酸奶味的点心噢	
水果	水果本身是独立的零食，同时也可以用来装饰蛋糕、加入甜品，是做花样零食健康又美味的天然好选择	
鸡蛋	各式甜点里都有鸡蛋的身影，小小的鸡蛋经过配方的调用，与不同的食材混合就能变换出不一样的点心	
淡奶油	建议使用动物性淡奶油，脂肪含量一般在30%~36%，打发成形后就是蛋糕上面装饰的奶油了，比植物奶油更健康	
无盐黄油	黄油是必不可少的材料，让零食散发醇香的味道。除了用来做糕点、蛋糕之外，还可以用来做菜	
低筋面粉	是指水分在13.8%以下、粗蛋白质含量在8.5%以下的面粉。用于做蛋糕、饼干、蛋挞等松散、酥脆、没有韧性的点心	
糖粉	糖粉为洁白的粉末状糖类，颗粒非常细，不仅可以用来装饰饼干、蛋糕等，还可以增加甜味	

拒绝零食"杀手"

膨化类

蛋糕、饼干等这类含碳水化合物较多的谷类粮食经膨化制成的食品,酥脆易于消化,可适量摄入。但像薯片等膨化食品可能含有危害人体健康的铅元素,若宝宝长期食用不合格的膨化食品,很容易使血铅(血液中铅元素的含量)超过规定标准,产生急性中毒等症状。

糖果类

糖果类零食是纯热量食品,巧克力虽然含有一些蛋白质和脂肪,但主要是提供热能,这类食品营养价值不高。另外,甜食也是造成宝宝龋齿的原因之一。

冷饮类

雪糕、冰激凌是幼儿最喜欢吃的零食,尤其是在炎热的夏季。以奶类为主要原料制作的冷饮,其营养成分有蛋白质、脂肪、碳水化合物以及少量的钙。由于这类食品含糖量高,吃多了会影响幼儿的胃口,刺激胃肠道,很容易造成腹泻、食欲下降。不少幼儿因食欲不好、面黄体瘦来医院就医,检查结果又显示没有器质性病变。也有一些幼儿经常腹痛,医院检查诊断为"浅表性胃炎"。这些都与贪食冷饮有关。

商店里琳琅满目的零食如何挑选

看配料表中的营养成分

食品包装袋上的配料表里已经标明了该食品的营养成分,通过这些营养成分我们大体可以知道这类食物营养价值大致在哪个范围。

比如牛奶,这个品牌的配料表顺序是"脱脂奶粉、水……",另一个是"水、脱脂奶粉……",还有脂肪含量高低等,这些成分是我们判断是否应该选择食用或决定是否购买的依据。

需要注意的是,当配料比例小于2%时,配料表可以不按照递减的顺序排列。

常见的营养成分表一般由营养素项目、每份含量和营养素参考值三部分组成。

营养素项目

产品中所含的营养素的种类名称,其中能量、蛋白质、脂肪、碳水化合物无论是否含有都应明确标出。

每份含量

不同产品的营养成分表对每份的定义也是有所不同的,大多数是以每100克或100毫升为一份的,也有的产品是以一个包装为一份的。

营养素参考摄入值（NRV）

用用以表述每100g固定或每100ml液体产品或每份中各种营养素含量分别占其推荐摄入量的比值。

某款粗粮饼干的营养成分表（每份100克）

项目	每100克	营养素参考值%
能量	2100千焦	25%
蛋白质	6.1克	10%
脂肪	15.4克	26%
碳水化合物	58.0克	19%
钠	33毫克	2%

从上面的营养成分表中可以看出，100克粗粮饼干中所含有的脂肪占到成年人每天能量需要量的26%，碳水化合物和能量则分别占到成年人每天碳水化合物和能量需要量的19%和25%。这款饼干名为粗粮饼干，看似是比较健康的饼干。而实际上却是高糖、高脂、高能量的饼干，经常食用无疑会带来肥胖的风险。

看食品添加剂成分

按照规定，食品添加剂一般会在配料表中体现。

种类	可能的添加剂
口香糖	糖精、甜菊萃、阿斯巴甜、醋磺内酯钾等
八宝粥等罐头	鹿角菜胶、玉米糖胶、羧甲基纤维素钠、黏着剂等
方便面	醋酸钠、氯化钠、柠檬酸、聚多磷酸钠等

泡芙、饼干、软面包类	鱼精蛋白、二氧化氯、乳酸链球菌素、己二酸、半纤维素酶、蛋白酶等
火腿肠、培根等肉类加工品	单磷酸盐、双磷酸盐、复合磷酸盐、硝酸盐类等
果汁、豆浆	香精、色素、防腐剂、乳化剂等
碳酸饮料	色素、防腐剂、甜味剂、咖啡因、酸味料、香料等
巧克力	甜味剂、乳化剂、山梨糖醇、酪蛋白钠

氢化植物油须警惕

氢化植物油含有反式脂肪酸，其在人体内的代谢时间长达50天，是普通脂肪代谢所需时间的7倍，会大大提高心脑血管疾病的患病率，因此最好不要购买含有氢化植物油的零食或食物给幼儿食用。氢化植物油通常有人造黄油、人造奶油、精炼植物油、植脂末等别称。

《食品营养标签管理规范》中规定反式脂肪酸含量标示在"脂肪"下面，当反式脂肪酸含量≤0.3g/100g时，可标示为"0"，或声称"无"或"不含"反式脂肪酸。

推荐给3~6岁宝宝的安全食物

📍 燕麦

营养成分
亚油酸、蛋白质、脂肪、多种氨基酸、维生素E及钙、磷、铁等。

食用建议
宜与玉米、牛奶、苹果、橙子、南瓜、百合、山药同食。

妈妈关心的食物安全问题

重金属含量过高。 种植燕麦的土地、水源受到污染,种植过程中使用的化肥、农药等含有过量的重金属,这些都会使重金属残留在燕麦中。

微生物的污染。 燕麦在成品加工、运输、储存过程中,环境条件控制不当,容易受到微生物的污染,如沙门氏菌、金黄色葡萄球菌、黄曲真菌等,经食用后容易给人体带来伤害。

食品添加剂使用过量。 为了延长产品的保质期、改变燕麦的性状、改善燕麦的口感,生产过程中会使用添加剂,如果是使用合法的添加剂,并严格按照规定的合理限量使用,一般是没什么问题的,主要是有些商家贪图便宜、牟取暴利,非法使用添加剂,因此使燕麦中的添加剂成了威胁人们健康的隐患之一。

如何安全选购

1 看成分表： 购买燕麦时一定要看清楚食物的配料表，配料表中只有唯一的燕麦，这才算是真正的燕麦。

2 看外观： 我们要选择粒大饱满的燕麦粒，这样的燕麦营养价值会更高一点。

3 根据需求进行购买： 燕麦是同时拥有可溶性和不可溶性膳食纤维的全谷物类。不可溶性膳食纤维多的燕麦片需要熬煮的时间比较久一点，但是在增加粪便的重量、预防和改善便秘两方面更具优势。可溶性膳食纤维较多的是袋装麦片，熬煮几分钟即可。

营养师推荐宝宝餐

燕麦全麦饼干

原料

低筋面粉50克，燕麦100克，泡打粉5克，盐3克，橄榄油10毫升

做法

1.将低筋面粉、燕麦、泡打粉倒在面板上，搅拌均匀，开窝，加入盐、橄榄油、100毫升水。
2.将四周的粉向中间覆盖，揉匀至面团平滑，将面团搓成粗条，分成小剂子，揉成圆形。
3.将揉好的面团轻轻按压成饼状，放入烤盘中，烤箱预热，将上火调为170℃，下火也调成170℃，时间设置为15分钟，烘烤即可。

【温馨提示】

这款饼干方便携带，妈妈们可以让宝宝带着零食，主动将自己的零食分享给其他小朋友吃。

莲藕

营养成分
含蛋白质、脂肪、膳食纤维、碳水化合物等。

食用建议
宜与猪肉、羊肉、粳米、桂圆、莲子同食。

妈妈关心的食物安全问题

新鲜的莲藕表面呈淡黄色，断口处有一股特别的清香。而"漂白藕"则表面洁白、干净，售价也高，但是这种经过工业试剂（大多使用柠檬酸）泡过的莲藕，在清洗的过程中会变色，有一股难闻的气味，容易腐烂，在食用时口感较差，而且会对消化道产生刺激作用。

如何安全选购

1 看颜色：新鲜莲藕外皮呈微黄色，如果表面呈黑褐色说明新鲜度下降。

2 闻味道：新鲜莲藕本身有一股淡淡的泥土味道，如果闻到有臭味或者酸味，说明莲藕品质较差或经过处理，建议不要购买。

3 看颜值：购买莲藕时要注意有无明显外伤，如果表面覆盖泥土，洗净后看是否完好，看孔内是否有泥土。

4 看通气孔：看莲藕中间的通气孔大小，尽量选择气孔较大一些的，这样的莲藕水分较多，品质和口感都比较好。

如何安全清洗与烹饪

莲藕的清洗问题主要是如何把藕里的淤泥清洗干净，如果淤泥没有洗净，里面很可能藏有一些细菌及微生物，会影响人的身体健康，尤其是给婴幼儿食用时，则更要注意食材的安全卫生。

可以将藕节切成两半，放入装有温水或淀粉水的盆中，浸泡10～15分钟，使里面的淤泥浸出，然后再取出，冲一下水，然后用包有小布的筷子插进尚未洗净的藕洞，来回进行摩擦，直到把淤泥洗净为止，全部洗净后将外皮刮去，最后再用清水冲干净即可。

莲藕散发出一种独特清香，能增进食欲，促进消化，对食欲缺乏有改善作用。莲藕切片煮熟后给宝宝食用，还有助于锻炼宝宝的咀嚼能力。

营养师推荐宝宝餐

柠檬浇汁莲藕

原料

莲藕200克，枸杞子5粒，牛奶、柠檬汁各15毫升，蜂蜜10克，橄榄油5毫升

做法

1. 莲藕洗净，刮去表皮，切成0.5厘米厚的片，放入开水中，汆烫1分钟，捞出，放入冷水中浸泡；枸杞子用温水泡发。
2. 将牛奶、柠檬汁、蜂蜜、橄榄油搅拌均匀。
3. 将莲藕片捞出，沥干，放入盘中，淋上调好的酱汁，撒上泡发的枸杞子即可。

【温馨提示】

切开的莲藕在切口处覆以保鲜膜，可冷藏保鲜一周左右。

银耳

营养成分
含蛋白质、碳水化合物、粗纤维、钙、磷、铁、B族维生素。

食用建议
宜与莲子、木瓜、青鱼、菊花、百合、蛋类、黑木耳同食。

妈妈关心的食物安全问题

银耳作为传统的滋补品备受百姓们的喜爱，但是有些不法商贩为了谋求利益，使用非法手段加工银耳，给消费者的身体健康带来隐患。不法商贩为了使银耳更美观，更吸引消费者的目光，使用"硫黄熏蒸"的办法来加工银耳，硫黄燃烧产生的二氧化硫具有漂白作用，使银耳看起来更为"美观"。但是过量使用硫黄熏蒸会使残留物超标，长期摄入二氧化硫会刺激胃肠道，引起恶心、呕吐等现象。在购买银耳时一定注意选购方法，食用之前用温水充分泡发、洗净，择除其杂质。银耳储存时应保存在通风、避光处，尽量避免长时间存放。

如何安全选购

1 看颜色：银耳因为色泽银白而得名"银耳"，但是选购的时候并不是越白的银耳越好，应选择略微带黄色的。

2 闻味道：干银耳如果是被化学物质熏蒸过，则会存在异味。

3 看触质感：优质的银耳质感较为柔韧，不易断裂。

4 看大小：优质的银耳间隙均匀，质感较为蓬松，肉质较为肥厚，没有杂质、霉斑和严重破损。

如何安全清洗与烹饪

用小刀将新鲜银耳的黑色根蒂部分切割干净，注意不要削得太深，然后将银耳放入盆中，加水浸泡10分钟左右，捞出，再换一盆干净的水，用手将银耳掰开，每一瓣既有黄色的根部，也有白色的朵叶，之后再用流动水冲洗一下即可。

银耳常常被用来炖汤，煮熟后的银耳入口顺滑、汤品香甜醇美，在做甜汤时建议爸爸妈妈们多选用冰糖，少用精制白糖。

营养师推荐宝宝餐

银耳羹

原料

银耳5克，鸡蛋1个，冰糖20克

做法

1. 将银耳用温水泡发，除去杂质，分成片状。
2. 锅中注入适量清水，放入洗净的银耳，大火煮开后转小火煮至银耳软烂。
3. 冰糖另加水煮化，打入鸡蛋，兑少许清水，煮开并搅拌，将鸡蛋糖汁倒入银耳锅内，拌匀即可。

【温馨提示】

可以在银耳羹中加入少许枸杞子，或将鸡蛋换成枸杞子。

黑木耳

营养成分
含蛋白质、脂肪和钙、磷、铁及胡萝卜素、维生素B、磷脂、固醇等。

食用建议
宜与红枣、豆角、银耳、白菜、蒜、黄瓜、猪腰、莴笋同食。

妈妈关心的食物安全问题

鲜黑木耳不可食用。这是因为鲜黑木耳中含有一种叫"卟啉"的物质，食用鲜黑木耳后皮肤经阳光照射会发生植物日光性皮炎，引起皮肤瘙痒、红肿、疼痛，所以黑木耳都需要经阳光曝晒，分解掉卟啉，制成干品再出售食用。

干制黑木耳食用前需要泡发洗净，尽量用温水泡发，缩短泡发时间，泡好后，用流动水清洗两到三遍，最大限度除去杂质和有毒物质。

如何安全选购

1 看形状：优质黑木耳朵形均匀且卷曲现象较少；如果肉质较少，朵形卷曲程度较高，则不宜购买。

2 看色泽：优质的黑木耳一般内部为黑色，背部为灰色且有明显的脉络；如果两面都呈现出黑色，可能是喷洒了某些化学制剂，不宜选购。

3 触手感：同样大小的黑木耳，质量较轻的较优，捏的时候有清脆的声音，表面光滑，易碎。如果发现黑木耳有韧性，水分较多，存放不当时容易发霉，不宜选购。

如何安全清洗与烹饪

取一干净的盆,放入适量温水,将黑木耳放入温水中,加入适量淀粉,用手搅拌均匀,浸泡15分钟左右,用手搓洗黑木耳,捞出,将黑木耳放在流动水下冲洗干净,沥干水分即可。

将黑木耳洗净后焯水或者通过简单的炒、煮后便可以给宝宝食用,为了使宝宝食用方便,大块的黑木耳应该先撕成小块,再烹饪。

营养师推荐宝宝餐

黑木耳仔排煲

原料

仔排300克,黑木耳、白萝卜各100克,生姜、盐各适量

做法

1. 将黑木耳洗净后泡发;白萝卜洗净后切滚刀块;生姜洗净后切片,待用。
2. 将仔排洗净后用盐腌渍一会儿后,焯水。
3. 另起锅,注入清水,将水烧开后,把仔排、黑木耳、白萝卜一起放入锅里。
4. 大火煮开,再用小火慢慢地炖,加入生姜煮一会儿后,加盐调味即可。

【温馨提示】

也可以选择猪瘦肉或者牛肉来代替仔排。

橙子

营养成分
含丰富的胡萝卜素、膳食纤维、钾元素、生物类黄酮、维生素C等。

食用建议
宜与奶油、橘子、玉米、鸡蛋同食。

妈妈关心的食物安全问题

催熟染色的问题。在橙子上市的季节，有时候由于气候、环境等问题，有些橙子尚未真正成熟，外形也不好看，但商家们为了抢早上市，卖个好价钱，往往会对这些橙子进行催熟染色。这样做往往会导致添加剂使用过量、重金属含量超标，由于橙子果皮有许多肉眼看不见的小孔，在催熟染色的过程中很可能便渗入果肉中，从而对人体造成损害，甚至出现慢性中毒的症状。

如何安全选购

1 看果脐：果脐越小，口感越好。

2 掂分量：同等大小的橙子，分量沉的比较好，水分较充足。

3 看橙皮： 橙皮密度高，厚度均匀且稍微硬一点，这样的橙子口感佳。

如何安全清洗与烹饪

将橙子放入盆中，再注入适量清水，用刷子刷洗橙子表皮，去除污物，再用流动水将橙子清洗干净，沥干水分即可。

洗净的橙子可以榨汁或直接切小块给宝宝食用，现在将水果入菜也比较流行，如可以做橙子排骨、橙子炒虾仁，烹饪时注意少油、少调味品就可以。橙子本身就是酸酸甜甜的口感，可以起到很好的调味作用。

柳橙汁

原料

柳橙1个

做法

1.将柳橙洗净后对半切开，然后挤汁。
2.添加等量冷开水，将果汁稀释后饮用。

【温馨提示】

柳橙性凉，每次不能给宝宝喂食太多。

草莓

营养成分
含有大量的糖类、维生素C、有机酸、果胶等。

食用建议
宜与牛奶、红糖、山楂、哈密瓜同食。

妈妈关心的食物安全问题

使用膨大剂的问题。 膨大剂既能使草莓个头增大，还可以缩短草莓的生长周期，使草莓提前上市。正常生长的草莓从开花到成熟至少需要30天，但喷洒膨大剂的草莓20天就能成熟。

膨大剂是经过国家批准使用的一种植物生长调节剂，对植物有助长的作用。常见的膨大剂有氯吡脲、赤霉素等，喷洒到草莓上，会在草莓内有残留，人吃后就会进入人体。目前尚无科学实验证明膨大剂对人体有什么危害，但从人体营养学和绿色食品的角度而言，建议最好食用自然长大的草莓，尤其是孕妇和婴幼儿。

如何安全选购

1 看颜色： 正常草莓的颜色很均匀，而且色泽红亮。非正常草莓颜色不均匀，色泽度也很差。

2 看外形： 草莓体积大而且形状奇异，不宜选购，有可能是用膨大剂催生出来的产品。普通草莓的体形比较小，呈较规则的圆锥形。

3 看籽粒：正常的草莓表面的籽粒应该是金黄色的。如果表面有白色物质且不能洗净的草莓不要购买，很多草莓往往在病斑部分有灰色或白色的真菌丝。

4 闻气味：好的草莓闻起来比较香甜，香味也较重。而用膨大剂催熟的草莓一般闻起来没有什么气味。

如何安全清洗与烹饪

草莓的表面凹凸不平，如果清洗得不彻底，容易将表面残留的有害物质吃进肚子里，对人的健康有害，因此我们要彻底清洗草莓。清洗时先将草莓放进清水或淘米水中浸泡10~15分钟，先不要去掉叶蒂，否则会使残留农药随水进入果实内部。将浸好的草莓捞出，在水龙头下冲洗，这时再去掉叶蒂。

营养师推荐宝宝餐

草莓牛奶羹

原料
草莓60克，牛奶120毫升

做法
1. 将洗净的草莓去蒂，切成丁，备用。
2. 取榨汁机，选择搅拌刀座组合，将切好的草莓倒入搅拌杯中。
3. 放入适量牛奶，注入适量温开水，盖上盖。
4. 选择"榨汁"功能，榨取果汁即可。

【温馨提示】
如果宝宝觉得草莓口感偏酸，可以加少许白糖或蜂蜜调味。